Inhaltsverzeichnis

Artemis Saage

Baumhaus Bauen: Magische Refugien in luftiger Höhe

Von der Planung bis zur Einrichtung - Der praktische Ratgeber für naturnahe Baumhäuser mit Sicherheit und Stil

84 Quellen
20 Fotos / Grafiken
20 Illustrationen

Impressum

Saage Media GmbH
c/o SpinLab – The HHL Accelerator
Spinnereistraße 7
04179 Leipzig, Germany
E-Mail: contact@SaageMedia.com
Web: SaageMedia.com
Commercial Register: Local Court Leipzig, HRB 42755 (Handelsregister: Amtsgericht Leipzig, HRB 42755)
Managing Director: Rico Saage (Geschäftsführer)
VAT ID Number: DE369527893 (USt-IdNr.)

Publisher: Saage Media GmbH
Veröffentlichung: 01.2025
Umschlagsgestaltung: Saage Media GmbH
ISBN-Softcover: 978-3-384-47705-7
ISBN-Ebook: 978-3-384-47706-4

Rechtliches / Hinweise

Die in diesem Buch aufgeführten externen Links und Quellenverweise wurden zum Zeitpunkt der Buchveröffentlichung geprüft. Auf die aktuellen und zukünftigen Gestaltungen und Inhalte der verlinkten Seiten hat der Autor keinen Einfluss. Für illegale, fehlerhafte oder unvollständige Inhalte sowie für Schäden, die durch die Nutzung oder Nichtnutzung der Informationen entstehen, haftet allein der Anbieter der verlinkten Website, nicht derjenige, der über Links auf die jeweilige Veröffentlichung verweist. Alle verwendeten externen Quellen sind im Literaturverzeichnis aufgeführt. Trotz sorgfältiger inhaltlicher Kontrolle übernehmen wir keine Haftung für die Inhalte externer Quellen. Für den Inhalt der zitierten Quellen sind ausschließlich deren Betreiber verantwortlich. Bilder und Quellen Dritter sind als solche gekennzeichnet. Die Vervielfältigung, Bearbeitung, Verbreitung und jede Art der Verwertung außerhalb der Grenzen des Urheberrechtes bedürfen der schriftlichen Zustimmung des jeweiligen Autors bzw. Erstellers.
Die in diesem Buch enthaltenen Quellenverweise und Zitate wurden sorgfältig recherchiert und sinngemäß wiedergegeben. Die Interpretation und Darstellung der zitierten Inhalte spiegelt die Auffassung des Autors wider und muss nicht zwangsläufig mit der Intention oder Meinung der ursprünglichen Autoren übereinstimmen. Bei sinngemäßen Zitaten wurden die Kernaussagen der Originalquellen nach bestem Wissen und Gewissen in den Kontext dieses Werkes eingebettet, können jedoch durch die Übertragung und Vereinfachung von den ursprünglichen Formulierungen und Bedeutungsnuancen abweichen. Alle verwendeten Quellen sind im Literaturverzeichnis vollständig aufgeführt und können dort im Original nachgelesen werden. Die Verantwortung für die Interpretation und kontextuelle Einbettung der zitierten Inhalte liegt beim Autor dieses Buches. Bei wissenschaftlichen Fragestellungen und Detailinformationen wird empfohlen, die Originalquellen zu konsultieren. Der Autor hat sich bemüht, komplexe wissenschaftliche Sachverhalte allgemeinverständlich darzustellen. Dabei können Vereinfachungen und Verallgemeinerungen nicht ausgeschlossen werden. Für die fachliche Richtigkeit und Vollständigkeit der vereinfachten Darstellungen kann keine Gewähr übernommen werden. Die sinngemäße Wiedergabe von Zitaten und wissenschaftlichen Erkenntnissen erfolgt nach bestem Wissen und Gewissen unter Beachtung des Zitatrechts gemäß § 51 UrhG. Bei der Vereinfachung und Übertragung und ggf. Übersetzung wissenschaftlicher Inhalte in eine allgemeinverständliche Sprache können Bedeutungsnuancen und fachliche Details verloren gehen. Für akademische Zwecke und bei der Verwendung als wissenschaftliche Referenz wird ausdrücklich empfohlen, auf die Originalquellen zurückzugreifen. Die vereinfachte Darstellung dient ausschließlich der populärwissenschaftlichen Information.
Die in diesem Buch enthaltenen Anleitungen und Informationen zum Bau von Baumhäusern wurden sorgfältig recherchiert und geprüft. Dennoch können Fehler nicht vollständig ausgeschlossen werden. Der Autor und der Verlag übernehmen keine Haftung für Personen-, Sach- oder Vermögensschäden, die durch die Umsetzung der beschriebenen Bauvorhaben entstehen. Der Bau von Baumhäusern erfordert fundierte handwerkliche Kenntnisse und kann erhebliche Sicherheitsrisiken bergen. Die Stabilität des Baumes, die Tragfähigkeit der Konstruktion sowie alle sicherheitsrelevanten Aspekte müssen im Einzelfall von qualifizierten Fachleuten geprüft werden. Dieses Buch ersetzt nicht die Beratung durch Statiker, Bauingenieure oder Baumsachverständige. Baurechtliche Vorschriften und Genehmigungspflichten können regional unterschiedlich sein und müssen vor Baubeginn geklärt werden. Der Leser ist verpflichtet, sich über aktuelle Bestimmungen zu informieren und diese einzuhalten. Alle Werkzeuge und Materialien müssen entsprechend der Herstellerangaben und Sicherheitsvorschriften verwendet werden. Bei der Arbeit in der Höhe sind besondere Sicherheitsvorkehrungen zu treffen. Die im Buch verwendeten Marken- und Produktnamen unterliegen warenzeichen-, marken- oder patentrechtlichem Schutz. Aus dem Fehlen einer entsprechenden Kennzeichnung kann nicht geschlossen werden, dass keine Schutzrechte bestehen. Die detaillierten Quellenangaben zu den verwendeten Fachinformationen finden Sie im Anhang des Buches.
Dieses Buch wurde unter Verwendung von Künstlicher Intelligenz und anderen Tools erstellt. Unter anderem wurden Tools für die Recherche und Generierung der dekorativen Illustrationen eingesetzt. Trotz Kontrolle können Fehler nicht vollständig ausgeschlossen werden. Wir möchten betonen, dass der Einsatz von KI als unterstützendes Werkzeug dient, um unseren Lesern ein qualitativ hochwertiges und inspirierendes Leseerlebnis zu bieten.

Liebe Leserinnen, liebe Leser,

von Herzen danke ich Ihnen, dass Sie sich für dieses Buch entschieden haben. Mit Ihrer Wahl haben Sie mir nicht nur Ihr Vertrauen geschenkt, sondern auch einen Teil Ihrer wertvollen Zeit. Das weiß ich sehr zu schätzen.
Ein eigenes Baumhaus zu bauen ist mehr als ein Projekt - es ist die Verwirklichung eines zeitlosen Traums von einem persönlichen Refugium in den Baumkronen. Dieses praxisnahe Handbuch begleitet Sie von der ersten Inspiration bis zum fertigen Baumhaus. Es verbindet traditionelles Zimmermannshandwerk mit modernen Konstruktionsmethoden und zeigt, wie Sie ein sicheres und naturharmonisches Baumhaus erschaffen können. Sie lernen die wichtigsten Grundlagen der Baumhausstatik kennen, erfahren welche Materialien sich bewähren und wie Sie diese fachgerecht einsetzen. Von der Auswahl des richtigen Baumes über flexible Befestigungssysteme bis zur atmosphärischen Gestaltung - hier finden Sie fundierte Anleitungen für jede Bauphase. Besonders wertvoll: Der ausführliche Sicherheitsleitfaden für Familien mit Kindern sowie kreative Gestaltungsideen, die Ihr Baumhaus zu einem magischen Ort machen. Machen Sie sich auf den Weg in die Baumkronen - mit diesem Ratgeber schaffen Sie ein einzigartiges Refugium, das Generationen begeistern wird.
Ich wünsche Ihnen nun eine inspirierende und aufschlussreiche Lektüre. Sollten Sie Anregungen, Kritik oder Fragen haben, freue ich mich über Ihre Rückmeldung. Denn nur durch den aktiven Austausch mit Ihnen, den Lesern, können zukünftige Auflagen und Werke noch besser werden. Bleiben Sie neugierig!

Artemis Saage
Saage Media GmbH

- support@saagemedia.com
- Spinnereistraße 7 - c/o SpinLab – The HHL Accelerator, 04179 Leipzig, Germany

Einleitung

Um Ihnen die bestmögliche Leseerfahrung zu bieten, möchten wir Sie mit den wichtigsten Merkmalen dieses Buches vertraut machen. Die Kapitel sind in einer logischen Reihenfolge angeordnet, sodass Sie das Buch von Anfang bis Ende durchlesen können. Gleichzeitig wurde jedes Kapitel und Unterkapitel als eigenständige Einheit konzipiert, sodass Sie auch gezielt einzelne Abschnitte lesen können, die für Sie von besonderem Interesse sind. Jedes Kapitel basiert auf sorgfältiger Recherche und ist durchgehend mit Quellenangaben versehen. Sämtliche Quellen sind direkt verlinkt, sodass Sie bei Interesse tiefer in die Thematik eintauchen können. Auch die im Text integrierten Bilder sind mit entsprechenden Quellenangaben und Links versehen. Eine vollständige Übersicht aller Quellen- und Bildnachweise finden Sie im verlinkten Anhang. Um die wichtigsten Informationen nachhaltig zu vermitteln, schließt jedes Kapitel mit einer prägnanten Zusammenfassung. Fachbegriffe sind im Text unterstrichen dargestellt und werden in einem direkt darunter platzierten, verlinkten Glossar erläutert.

Für einen schnellen Zugriff auf weiterführende Online-Inhalte können Sie die QR-Codes mit Ihrem Smartphone scannen.

Zusätzliche Bonus-Materialien auf unserer Website
Auf unserer Website stellen wir Ihnen folgende exklusive Materialien zur Verfügung:

- Bonusinhalte und zusätzliche Kapitel
- Eine kompakte Gesamtzusammenfassung
- Eine PDF-Datei mit allen Quellenangaben
- Weiterführende Literaturempfehlungen

Die Website befindet sich derzeit noch im Aufbau.

SaageBooks.com/de/baumhaus-bonus-K4NSSG

1. Magische Baumhauswelten

Ein Baumhaus zu bauen bedeutet mehr als nur eine erhöhte Plattform in einem Baum zu errichten. Es ist der Beginn einer Reise in eine Welt zwischen Erde und Himmel, die unsere Perspektive grundlegend verändert. Doch was macht den besonderen Reiz dieser luftigen Refugien aus? Wie haben Menschen verschiedener Kulturen und Epochen das Konzept des erhöhten Wohnens interpretiert und weiterentwickelt? Von den jahrhundertealten Baumhaussiedlungen der Korowai in Papua-Neuguinea bis zu modernen architektonischen Meisterwerken in den Wäldern Skandinaviens zeigt sich eine erstaunliche Vielfalt an Bauweisen und Nutzungskonzepten. Die Integration in den natürlichen Lebensraum erfolgt dabei auf höchst unterschiedliche Weise: Während traditionelle Kulturen ihre Behausungen nahtlos in das Ökosystem einfügen, setzen zeitgenössische Architekten auf innovative Technologien und nachhaltige Materialien. Baumhäuser bieten nicht nur einen physischen Rückzugsort, sondern ermöglichen auch eine intensive Naturerfahrung durch wechselnde Perspektiven im Jahresverlauf. Wie verändert sich der Blick auf die Umgebung mit den Jahreszeiten? Welche überraschenden Begegnungen ergeben sich in luftiger Höhe? Die folgenden Kapitel laden Sie ein, die faszinierende Welt der Baumhäuser zu erkunden - von ihren historischen Wurzeln über praktische Bauanleitungen bis hin zu inspirierenden Beispielen gelungener Integration in natürliche Lebensräume.

1. 1. Baumhausgeschichten aus aller Welt

Was treibt Menschen seit Jahrhunderten dazu, ihre Behausungen in die Höhe der Bäume zu verlegen? Welche architektonischen Lösungen haben verschiedene Kulturen entwickelt, um das Leben in luftiger Höhe nicht nur möglich, sondern auch komfortabel zu gestalten? Von historischen Baumrestaurants in Frankreich bis zu den komplexen Baumhausdörfern der Korowai in Papua-Neuguinea zeigt sich eine erstaunliche Vielfalt an Bauweisen und Nutzungskonzepten. Die Geschichte der Baumhäuser offenbart dabei weit mehr als nur technische Innovationen - sie erzählt von der engen Verbindung zwischen Mensch und Natur, von kulturellen Traditionen und von der ständigen Suche nach neuen Wohnformen. Wie haben sich diese außergewöhnlichen Konstruktionen über die Jahrhunderte entwickelt und welche Lehren können moderne Bauherren aus den überlieferten Techniken ziehen? Die folgenden Seiten nehmen Sie mit auf eine Reise zu den bemerkenswertesten Baumhäusern der Welt und zeigen, wie traditionelles Wissen und moderne Architektur sich gegenseitig bereichern können.

„Das älteste dokumentierte Baumhaus steht in Shropshire, England und wurde erstmals 1692 erwähnt."

1. 1. 1. Legendäre Baumhäuser der Geschichte

Die Geschichte der Baumhäuser ist geprägt von faszinierenden Beispielen menschlicher Kreativität und architektonischer Innovation. Bereits seit Jahrhunderten nutzen verschiedene Kulturen weltweit erhöhte Wohnformen, die als Schutz, spirituelle Zufluchtsorte und strategische Beobachtungspunkte dienten [s1]. Eines der bemerkenswertesten historischen Beispiele findet sich in Shropshire, England, wo das älteste dokumentierte Baumhaus steht, das erstmals 1692 erwähnt wurde [s2]. Die Bauweise dieses historischen Zeitzeugen kann auch heute noch als Inspiration für moderne Konstruktionen dienen, besonders was die Integration in den Baum und die Verwendung zeitloser Materialien betrifft. Besonders interessant sind die französischen Baumrestaurants des 19. Jahrhunderts, in denen Gäste in kleinen, gazeboähnlichen Strukturen speisten [s3]. Diese innovative Nutzung von Baumhäusern für gastronomische Zwecke zeigt, wie vielseitig solche Konstruktionen sein können. Noch heute lassen sich diese historischen Vorbilder in modernen "Dinner in the Sky"-Konzepten wiederfinden. In der Normandie existieren zwei bemerkenswerte Baumhäuser in einer alten Eiche, die seit über 300 Jahren genutzt werden [s3]. Diese Langlebigkeit verdeutlicht, wie wichtig eine durchdachte Konstruktion und regelmäßige Wartung sind. Moderne Bauherren können daraus lernen, dass die Wahl des richtigen Baumes und die Berücksichtigung seines Wachstums entscheidend für die Langlebigkeit eines Baumhauses sind. Ein faszinierendes Beispiel für die Integration von Technik in historische Baumhäuser findet sich in einer Villa des 16. Jahrhunderts, wo ein ausgeklügeltes Wasserspiel durch im Baum versteckte Rohre realisiert wurde [s2]. Diese frühe Form der "versteckten Technik" inspiriert auch heute noch Baumhausarchitekten, die moderne Versorgungsleitungen möglichst unsichtbar in ihre Konstruktionen integrieren möchten. Die Entwicklung von einfachen Verstecken zu luxuriösen Rückzugsorten spiegelt sich besonders in der modernen Baumhausarchitektur wider [s4]. Dabei spielen biophile Designprinzipien eine wichtige Rolle, die durch große Fenster und offene Plattformen die Verbindung zur Natur maximieren [s1]. Bei der Planung moderner Baumhäuser sollte man daher besonders auf die Ausrichtung der Fenster und die Integration von Außenbereichen achten. Ein bemerkenswertes Beispiel für die Verschmelzung von Natur und Architektur zeigt sich in Strukturen, wo sich Wurzeln und Äste mit dem Gebäude verweben und eine surreale Landschaft schaffen [s5]. Diese symbiotische Beziehung zwischen Bauwerk und Baum sollte bei der Planung moderner Baumhäuser berücksichtigt werden, indem man dem Baum genügend Raum für weiteres Wachstum lässt.

Die kulturelle Bedeutung von Baumhäusern wird besonders am Beispiel des Banyanbaums deutlich, der nicht nur als Schatten spendender Treffpunkt dient, sondern auch kulturelle Ereignisse beherbergt [s6]. Dies zeigt, wie Baumhäuser als soziale Räume fungieren können und damit über ihre reine Wohnfunktion hinausgehen. Die Innovation im Baumhausbau setzt sich bis heute fort, wie das Beispiel eines modernen, tragbaren Baumhauses zeigt, das in nur sechs Stunden aufgebaut werden kann [s3]. Diese Entwicklung verdeutlicht den Trend zu flexiblen und nachhaltigen Wohnlösungen, die sich an verändernde Bedürfnisse anpassen können. Für heutige Bauherren lässt sich aus der Geschichte der Baumhäuser lernen, dass eine erfolgreiche Konstruktion das Gleichgewicht zwischen innovativer Architektur, nachhaltigen Praktiken und dem Komfort der Bewohner finden muss [s4]. Dabei sollten traditionelle Bauweisen mit modernen Technologien kombiniert werden, um sowohl die historische Authentizität zu wahren als auch zeitgemäßen Ansprüchen gerecht zu werden.

Banyanbaum [i1]

Glossar

biophil

Beschreibt die natürliche Neigung des Menschen, sich mit der Natur und anderen Lebensformen zu verbinden

Gazebo

Ein freistehender Gartenpavillon mit Dach, meist sechseckig oder achteckig, der als Unterstand oder Aussichtspunkt dient

1. 1. 2. Traditionelle Baumhausdörfer

Traditionelle Baumhausdörfer zeugen von einer jahrhundertealten Symbiose zwischen Mensch und Natur, die bis heute wichtige Lehren für nachhaltiges Wohnen bereithält. Besonders eindrucksvoll zeigt sich dies am Beispiel der Korowai in Papua, Indonesien, deren Baumhaussiedlungen zu den bemerkenswertesten ihrer Art gehören [s7].

Korowai [i2]

Die Architektur dieser Baumhausdörfer folgt dabei nicht nur praktischen Erwägungen, sondern spiegelt auch soziale Strukturen wider. Die Korowai errichten ihre Behausungen in beachtlichen Höhen von bis zu 35 Metern über dem Boden der Sago-Sümpfe. Diese Bauweise schützt nicht nur vor Hochwasser und unerwünschten Eindringlingen, sondern ermöglicht auch eine klare räumliche Organisation nach Clanzugehörigkeit [s7]. Moderne Baumhausarchitekten können von dieser durchdachten Raumnutzung lernen, indem sie soziale Dynamiken in ihre Planungen einbeziehen. Die verwendeten Baumaterialien stammen ausschließlich aus dem umgebenden Wald, was eine perfekte Kreislaufwirtschaft demonstriert [s7]. Die begrenzte Haltbarkeit von fünf bis sieben Jahren wird dabei nicht als Nachteil gesehen, sondern als

Clan [i3]

natürlicher Zyklus akzeptiert. Für heutige nachhaltige Bauvorhaben lässt sich daraus die wichtige Erkenntnis ableiten, dass Langlebigkeit nicht zwangsläufig mit Nachhaltigkeit gleichzusetzen ist. Ein besonders interessanter Aspekt traditioneller Baumhausdörfer ist ihre Integration in das lokale Ökosystem [s8]. Die Bewohner entwickeln typischerweise ausgeklügelte Systeme zur Selbstversorgung, die essbare Gärten und die Nutzung einheimischer Pflanzen einschließen. Diese Praktiken können als Vorbild für moderne "Foodforest"-Konzepte in Baumhaussiedlungen dienen. Die ökologische Verantwortung geht dabei weit über die reine Nahrungsmittelproduktion hinaus [s8]. Viele Baumhausgemeinschaften engagieren sich aktiv im Naturschutz und der Umweltbildung. Sie fungieren als lebende Beispiele dafür, wie Menschen im Einklang mit der Natur leben können. Bei der Planung moderner Baumhaussiedlungen sollten daher von Anfang an Räume für gemeinschaftliche Umweltbildung eingeplant werden. Allerdings stehen traditionelle Baumhausdörfer heute unter zunehmendem Druck durch Modernisierung und Umsiedlungsprogramme [s7]. Der drohende Verlust dieses kulturellen Erbes macht es umso wichtiger, die Prinzipien und Praktiken dieser Lebensweise zu dokumentieren und in zeitgemäße Konzepte zu überführen. Moderne Baumhausarchitekten können dabei eine Brücke zwischen Tradition und Innovation schlagen, indem sie traditionelle Bauweisen mit nachhaltigen Technologien kombinieren. Die Gestaltungsprinzipien traditioneller Baumhausdörfer reichen von rustikal bis hochfunktional [s8]. Dabei wird besonderer Wert auf die Minimierung von Störungen des natürlichen Standorts gelegt. Diese Herangehensweise sollte auch bei modernen Projekten berücksichtigt werden, etwa durch den Einsatz minimal-invasiver Befestigungstechniken und die sorgfältige Planung von Zugangswegen. Die Erfahrungen aus traditionellen Baumhausdörfern zeigen, dass erfolgreiche Siedlungen mehr sind als die Summe ihrer einzelnen Häuser. Sie sind komplexe sozial-ökologische Systeme, die auf dem gegenseitigen Respekt zwischen Mensch und Natur basieren. Diese ganzheitliche Perspektive sollte bei der Planung moderner Baumhaussiedlungen stets im Vordergrund stehen.

Glossar

Clan

Familienverband mit gemeinsamen Vorfahren, der durch feste soziale Regeln und Traditionen verbunden ist. Oft bestimmt die Clanzugehörigkeit auch Rechte und Pflichten innerhalb der Gemeinschaft.

Foodforest

Mehrschichtiges Agroforstsystem, das essbare Pflanzen verschiedener Höhen kombiniert und natürliche Waldökosysteme nachahmt.

Korowai

Indigenes Volk in West-Papua, das für seine einzigartigen Baumhaus-Baufertigkeiten bekannt ist. Sie leben in kleinen Familiengruppen und beherrschen traditionelle Jagd- und Sammeltechniken.

Sago

Stärkehaltiges Grundnahrungsmittel, das aus dem Mark verschiedener Palmenarten gewonnen wird. Die Palmen wachsen in sumpfigen Gebieten Südostasiens.

Zusammenfassung - 1. 1. Baumhausgeschichten aus aller Welt

- Das älteste dokumentierte Baumhaus steht in Shropshire, England und wurde erstmals 1692 erwähnt
- Im 19. Jahrhundert gab es in Frankreich spezielle Baumrestaurants mit gazeboähnlichen Strukturen
- In der Normandie existieren zwei über 300 Jahre alte Baumhäuser in einer einzigen Eiche
- Eine Villa des 16. Jahrhunderts verfügte über ein ausgeklügeltes Wasserspiel durch im Baum versteckte Rohre
- Die Korowai in Papua errichten ihre Baumhäuser in Höhen von bis zu 35 Metern über Sago-Sümpfen
- Die traditionellen Baumhäuser der Korowai haben eine begrenzte Haltbarkeit von 5-7 Jahren und werden als natürlicher Zyklus neu errichtet
- Die räumliche Organisation der Baumhausdörfer folgt oft der Clanzugehörigkeit der Bewohner
- Moderne portable Baumhäuser können in nur sechs Stunden aufgebaut werden
- Der Banyanbaum dient in manchen Kulturen nicht nur als Wohnraum, sondern auch als kultureller Veranstaltungsort
- Viele traditionelle Baumhausgemeinschaften integrieren essbare Gärten nach dem Foodforest-Prinzip in ihre Siedlungen

1. 2. Leben in luftiger Höhe

Wie verändert sich die Wahrnehmung unserer Umgebung, wenn wir uns vom Boden lösen und in die Baumkronen erheben? Was bedeutet es, den Alltag aus einer völlig neuen Perspektive zu erleben? Diese Fragen stellen sich unweigerlich, wenn man sich mit dem Leben in einem Baumhaus beschäftigt. Die erhöhte Position eines Baumhauses eröffnet nicht nur ungewohnte Ausblicke, sondern schafft auch eine besondere Verbindung zur umgebenden Natur. Während die Jahreszeiten ihre charakteristischen Veränderungen durchlaufen, wird das Baumhaus zu einem privilegierten Beobachtungsposten für die dynamischen Prozesse des Ökosystems. Die architektonische Gestaltung spielt dabei eine entscheidende Rolle - von der strategischen Platzierung der Fenster bis zur Integration von Außenbereichen. Die folgenden Abschnitte beleuchten die verschiedenen Aspekte des Lebens in luftiger Höhe und zeigen, wie sich ein durchdachtes Baumhauskonzept optimal an die Bedürfnisse seiner Bewohner und die Gegebenheiten der Umgebung anpassen lässt.

> *„Die erhöhte Position eines Baumhauses ermöglicht außergewöhnliche Ausblicke, die das Wohnerlebnis in luftiger Höhe zu etwas ganz Besonderem machen.“*

1. 2. 1. Besondere Aussichten

Ein Baumhaus bietet einzigartige Perspektiven, die sich deutlich von gewöhnlichen Wohnräumen unterscheiden. Die erhöhte Position ermöglicht außergewöhnliche Ausblicke, die das Wohnerlebnis in luftiger Höhe zu etwas ganz Besonderem machen [s9]. Die architektonische Gestaltung spielt dabei eine zentrale Rolle. Bodentiefe Fenster öffnen den Raum zur umgebenden Natur und schaffen eine nahtlose Verbindung zwischen Innen- und Außenbereich. Besonders eindrucksvoll ist dies bei Konstruktionen, die einen panoramischen Rundumblick ermöglichen. Um dies optimal zu nutzen, sollte bei der Planung darauf geachtet werden, dass Fensterelemente strategisch platziert werden - idealerweise dort, wo sich besonders reizvolle Ausblicke bieten [s9]. Ein praktischer Tipp ist es, vor dem Bau die verschiedenen Tages- und Jahreszeiten zu beobachten, um die schönsten Blickachsen zu identifizieren. Die Deckenhöhe und der Neigungswinkel des Daches spielen eine wichtige Rolle für die Aussichtsqualität. Eine durchdachte Planung dieser Elemente ermöglicht es, von möglichst vielen Positionen im Raum attraktive Ausblicke zu genießen [s9]. Bei der Konstruktion sollte man darauf achten, dass störende Balken oder Stützen nicht die Sichtlinien zu wichtigen Aussichtspunkten verstellen. Ein besonderes Merkmal vieler moderner Baumhäuser ist die Integration einer überdachten Veranda. Diese bietet nicht nur zusätzlichen Wohnraum, sondern ermöglicht auch unerwartete Perspektiven auf die Umgebung [s9]. Bei der Gestaltung der Veranda ist es ratsam, diese so zu positionieren, dass sie sowohl Schutz vor Witterung bietet als auch optimale Aussichtsmöglichkeiten gewährt. Die natürliche Immersion in die Umgebung wird durch große Fensterflächen und Glaswände verstärkt [s10]. Diese architektonischen Elemente schaffen eine intensive Verbindung zur Natur, während sie gleichzeitig die notwendige Privatsphäre wahren. Ein cleverer Ansatz ist die Verwendung von Spezialglas, das von außen verspiegelt ist, während es von innen völlige Transparenz bietet. Die Verwendung lokaler und nachhaltiger Materialien trägt nicht nur zur ökologischen Verträglichkeit bei, sondern verstärkt auch das naturnahe Wohngefühl [s11]. Bei der Materialwahl sollte man darauf achten, dass diese sich harmonisch in die Umgebung einfügen und gleichzeitig den praktischen Anforderungen an Wetterbeständigkeit und Langlebigkeit gerecht werden. Das offene Konzept vieler Baumhäuser fördert die Interaktion zwischen Bewohnern und Landschaft [s11]. Die umliegenden Wälder bieten dabei nicht nur Privatsphäre, sondern auch eine sich ständig wandelnde natürliche Kulisse. Bei der Planung sollte man verschiedene Sitzgelegenheiten vorsehen, die es ermöglichen, die unterschiedlichen Perspektiven optimal zu genießen. Für Paare bieten Baumhäuser einen besonders intimen Rückzugsort [s10]. Die erhöhte Position in den Baumkronen schafft eine private Atmosphäre, die durch die spektakulären Ausblicke noch verstärkt wird. Bei der Inneneinrichtung empfiehlt es sich, gemütliche Sitzbereiche an den Fenstern zu schaffen, die zum gemeinsamen Naturgenuss einladen. Die obere Ebene eines mehrstöckigen Baumhauses bietet oft die besten Aussichtsmöglichkeiten [s11]. Bei der Planung sollte man daher besonders sorgfältig überlegen, welche Räume hier untergebracht werden. Wohnbereiche und Schlafzimmer profitieren besonders von der erhöhten Position und den damit verbundenen Ausblicken.

1. 2. 2. Jahreszeiten im Baumhaus

Das Leben in einem Baumhaus ist eng mit dem natürlichen Rhythmus der Jahreszeiten verbunden. Jede Saison bringt ihre eigenen Herausforderungen und Reize mit sich, die das Wohnerlebnis in luftiger Höhe zu etwas ganz Besonderem machen. Der Winter bietet eine einzigartige Gelegenheit, die grundlegende Struktur des Baumhauses und seiner Umgebung zu begutachten [s12]. Die kahlen Äste ermöglichen einen klaren Blick auf die tragende Konstruktion und erleichtern notwendige Wartungsarbeiten. In dieser Zeit empfiehlt es sich, eine detaillierte Fotodokumentation der Aststruktur anzulegen, die später als Referenz für Umbau- oder Erweiterungsarbeiten dienen kann. Zudem ist es ratsam, in dieser Jahreszeit eine gründliche Inspektion durchzuführen und tote oder problematische Äste fachgerecht zu entfernen. Mit dem Erwachen der Natur im Frühling verändert sich die Atmosphäre im Baumhaus grundlegend [s12]. Das frische Grün der austreibenden Blätter schafft eine natürliche Privatsphäre und bietet gleichzeitig ein faszinierendes Naturschauspiel direkt vor den Fenstern. Diese Zeit eignet sich besonders gut für Renovierungsarbeiten oder Erweiterungen der bestehenden Struktur. Dabei sollte man darauf achten, dass alle Arbeiten abgeschlossen sind, bevor die Vegetation zu dicht wird und den Zugang erschwert. Die Sommermonate verwandeln das Baumhaus in einen lebendigen Wohnraum, der von üppigem Grün umgeben ist [s12]. Die langen, warmen Tage laden dazu ein, die Außenbereiche intensiv zu nutzen. Ein praktischer Tipp ist die Installation von flexiblen Beschattungssystemen, die sich je nach Sonnenstand anpassen lassen. Auch sollte man in dieser Zeit besonders auf ausreichende Belüftung achten, da sich Baumhäuser durch ihre exponierte Lage schnell aufheizen können. Der Herbst bietet mit seiner Farbenpracht ein besonders eindrucksvolles Naturschauspiel [s13]. Die sich verfärbenden Blätter schaffen eine warme, gemütliche Atmosphäre und bieten täglich neue Perspektiven. Diese Jahreszeit erfordert jedoch auch besondere Aufmerksamkeit bei der Wartung. Es ist wichtig, regelmäßig herabfallende Blätter von Dach und Regenrinnen zu entfernen, um Feuchtigkeitsschäden vorzubeugen [s12]. Vor dem Einsetzen der kalten Jahreszeit sollten alle wasserführenden Systeme gründlich überprüft und gegebenenfalls entleert werden, um Frostschäden zu vermeiden. Die jahreszeitlichen Veränderungen erfordern eine flexible und vorausschauende Planung der Wohnraumnutzung. Im Winter beispielsweise kann es sinnvoll sein, zusätzliche

Isolierungsmaßnahmen vorzunehmen oder mobile Heizquellen bereitzustellen. Im Sommer hingegen sollten Belüftungsmöglichkeiten optimal genutzt werden, um ein angenehmes Raumklima zu gewährleisten. Ein wichtiger Aspekt des Lebens im Baumhaus ist die Anpassung an die natürlichen Lichtbedingungen der verschiedenen Jahreszeiten. Während im Sommer oft Beschattung notwendig ist, kann im Winter jeder Sonnenstrahl willkommen sein. Eine durchdachte Beleuchtungsplanung, die diese saisonalen Schwankungen berücksichtigt, trägt wesentlich zum Wohnkomfort bei. Die intensive Verbindung zur Natur, die ein Baumhaus bietet, macht die Bewohner zu privilegierten Beobachtern der jahreszeitlichen Veränderungen. Von der Knospenbildung im Frühjahr über das sommerliche Blätterdach bis zum herbstlichen Farbenspiel und der winterlichen Stille - jede Jahreszeit offenbart ihre eigene Schönheit und lädt dazu ein, den natürlichen Rhythmus des Lebens bewusst wahrzunehmen.

Jahreszeiten [i4]

Zusammenfassung - 1. 2. Leben in luftiger Höhe

- Die Deckenhöhe und der Dachwinkel sind entscheidend für optimale Aussichtsqualität in Baumhäusern.
- Strategisch platzierte Fensterelemente ermöglichen die besten Blickachsen zu verschiedenen Tages- und Jahreszeiten.
- Überdachte Veranden bieten zusätzlichen Wohnraum und unerwartete Perspektiven auf die Umgebung.
- Spezialglas, das von außen verspiegelt und von innen transparent ist, wahrt die Privatsphäre bei voller Naturverbindung.
- Die obere Ebene mehrstöckiger Baumhäuser bietet die besten Aussichtsmöglichkeiten und sollte für Wohn- und Schlafbereiche genutzt werden.
- Der Winter ermöglicht eine detaillierte Inspektion der Tragstruktur und Dokumentation der Aststruktur für spätere Umbauten.
- Flexible Beschattungssysteme sind im Sommer essentiell, da sich Baumhäuser durch ihre exponierte Lage schnell aufheizen.
- Die Herbstzeit erfordert regelmäßige Wartung der Regenrinnen und wasserführenden Systeme zum Schutz vor Frostschäden.
- Eine durchdachte Beleuchtungsplanung muss die stark variierenden saisonalen Lichtverhältnisse berücksichtigen.

1. 3. Baumhaus-Abenteuer

Wer träumt nicht davon, einen eigenen Rückzugsort in den Wipfeln eines Baumes zu erschaffen? Ein Baumhaus zu bauen bedeutet weit mehr als nur das Zusammenfügen von Holz und Nägeln - es ist der Beginn einer Entdeckungsreise, die unseren Blick auf die Natur grundlegend verändert. Doch wie gelingt es, ein solches Projekt so umzusetzen, dass es sowohl sicher als auch naturverträglich ist? Welche unerwarteten Begegnungen und Erkenntnisse warten in den Baumkronen? Die Errichtung eines Baumhauses erfordert nicht nur handwerkliches Geschick, sondern auch ein tiefes Verständnis für den gewählten Standort und seine Bewohner. Von der Auswahl des richtigen Baumes bis hin zur Beobachtung der heimischen Tierwelt eröffnen sich dabei völlig neue Perspektiven auf das Ökosystem Wald. In den folgenden Abschnitten erkunden wir, wie sich ein Baumhaus-Projekt zu einem nachhaltigen Abenteuer entwickeln kann, das gleichermaßen spannend wie lehrreich ist.

> *„Die Wahl des richtigen Baumes ist der erste wichtige Schritt - dabei sollte man besonders auf dicke, stabile Äste in etwa 3-4 Metern Höhe achten, die das Gewicht eines Baumhauses tragen können."*

1. 3. 1. Geheimnisvolle Entdeckungen

Beim Bau eines Baumhauses ergeben sich oft überraschende und geheimnisvolle Entdeckungen, die das Abenteuer noch spannender machen. Als eine Gruppe von Kindern beschloss, ihr neues Versteck höher in einem großen Baum zu errichten, ahnten sie noch nicht, welche Geheimnisse sie dabei lüften würden [s14]. Die Wahl des richtigen Baumes ist dabei der erste wichtige Schritt - achtet besonders auf dicke, stabile Äste in etwa 3-4 Metern Höhe, die das Gewicht eines Baumhauses tragen können. Während der Bauarbeiten entdeckten die Kinder nicht nur praktische Aspekte wie die clevere Idee einer Zugbrücke als Zugang [s14], sondern auch die verborgene Welt des Waldes selbst. Ähnlich wie Lily, die einen geheimen Pfad zu einer wunderschönen Waldlichtung fand [s15], können aufmerksame Baumhaus-Baumeister versteckte Naturschätze entdecken. Beim Erkunden der Umgebung ist es ratsam, sich markante Punkte wie besondere Bäume oder Felsformationen zu merken, um den Weg zurück zu finden. Die Begegnung mit den Waldbewohnern macht das Baumhaus-Abenteuer besonders einzigartig. Wie in Lilys Geschichte [s15] kann man dabei viel über den Wald lernen - zum Beispiel von einer weisen Eule, die nachts ihre Runden dreht, oder einem schlauen Fuchs, der seine Spuren im Unterholz hinterlässt. Ein praktischer Tipp: Legt ein Naturtagebuch an und dokumentiert eure Beobachtungen. Notiert, welche Tiere ihr seht und zu welchen Tageszeiten sie aktiv sind. Das gemeinsame Bauen schafft nicht nur ein physisches Versteck, sondern stärkt auch die Freundschaft zwischen den Beteiligten [s16]. Jeder kann seine Talente einbringen - während einige gut im Planen sind, haben andere vielleicht mehr Geschick beim Hämmern oder Sägen. Wichtig ist dabei, sich gegenseitig zu unterstützen und gemeinsam Lösungen zu finden. Plant zum Beispiel regelmäßige "Bau-Besprechungen" ein, bei denen jeder seine Ideen einbringen kann. Die Erkundung der Umgebung kann zu weiteren spannenden Entdeckungen führen. Vielleicht findet ihr wie Lily [s15] essbare Waldfrüchte oder lernt, wie man sichere Verstecke für Vorräte anlegt. Dabei ist es wichtig, respektvoll mit der Natur umzugehen und nur das zu nehmen, was man wirklich braucht. Ein praktischer Vorschlag: Legt eine kleine "Schatzkammer" im Baumhaus an, in der ihr besondere Fundstücke wie schöne Steine, Federn oder interessante Rindenstücke sammeln könnt. Die Kinder in der Geschichte [s14] bauten ihr Baumhaus als sicheren Zufluchtsort vor einer schelmischen Person. Dabei lernten sie nicht nur praktische Fähigkeiten wie das Konstruieren einer Zugbrücke, sondern auch wichtige soziale Kompetenzen wie Teamwork und Problemlösung. Ein hilfreicher Tipp für den eigenen Baumhausbau: Entwickelt ein eigenes Geheimzeichen oder einen speziellen Klopfrhythmus als "Passwort" für den Zugang.

Das Baumhaus kann auch als Ausgangspunkt für weitere Erkundungen dienen. Wie die Freunde, die es als Sommertreffpunkt nutzten [s16], könnt ihr von hier aus Rätsel lösen und neue Abenteuer planen. Richtet euch eine "Forschungsecke" ein, mit Fernglas, Kompass und vielleicht sogar einer selbst gezeichneten Schatzkarte der Umgebung. Die täglichen Besuche im Baumhaus, wie sie Lily pflegte [s15], können zu einer wertvollen Routine werden. Dabei entwickelt sich nicht nur eine besondere Verbindung zur Natur, sondern auch ein tieferes Verständnis für die Jahreszeiten und die Veränderungen im Wald. Ein praktischer Vorschlag: Führt einen "Wetterkalender", in dem ihr besondere Naturereignisse, Tierbeobachtungen und Wetterphänomene festhaltet. Die geheimnisvollen Entdeckungen beim Baumhausbau sind nie abgeschlossen - jeder Tag kann neue Überraschungen bringen. Wichtig ist, mit offenen Augen durch die Natur zu gehen und sich Zeit für die kleinen Wunder am Wegesrand zu nehmen. Das Baumhaus wird so nicht nur zu einem physischen Rückzugsort, sondern zu einem Tor in eine Welt voller Abenteuer und Entdeckungen.

Fernglas [i5]

1. 3. 2. Wilde Waldbewohner als Nachbarn

Wer ein Baumhaus im Wald baut, teilt sich den Lebensraum mit vielen faszinierenden Waldbewohnern. Diese Nachbarschaft bietet spannende Beobachtungsmöglichkeiten, erfordert aber auch gegenseitigen Respekt und Rücksichtnahme [s17]. Ähnlich wie in Stadtgebieten, wo sich Wildtiere an die menschliche Präsenz gewöhnen müssen, gilt es auch beim Baumhausbau, eine harmonische Koexistenz zu entwickeln. Die ersten Begegnungen mit den tierischen Nachbarn sind oft überraschend und aufregend. Besonders in der Dämmerung und frühen Morgenstunden lässt sich das rege Treiben der Waldtiere gut beobachten. Ein praktischer Tipp für angehende Naturforscher: Richtet euch eine kleine Beobachtungsstation im Baumhaus ein. Ein Fernglas, ein Notizbuch für Tierbeobachtungen und eventuell eine Fotokamera sollten zur Grundausstattung gehören. Die Anwesenheit eines Baumhauses kann durchaus das Verhalten der Waldtiere beeinflussen. Manche Tiere reagieren zunächst scheu und meiden die Umgebung, andere wiederum zeigen sich neugierig. Um die Störung minimal zu halten, solltet ihr beim Bau und der späteren Nutzung einige wichtige Regeln beachten: Vermeidet laute Geräusche, besonders in den frühen Morgen- und späten Abendstunden, wenn viele Tiere aktiv sind. Haltet das Baumhaus und seine Umgebung sauber und lasst keine Essensreste zurück, die unerwünschte Besucher anlocken könnten. Die wissenschaftliche Beobachtung der tierischen Nachbarn kann zu wertvollen Erkenntnissen führen [s17]. Dokumentiert beispielsweise, welche Tiere zu welchen Tageszeiten aktiv sind, welche Wege sie bevorzugt nutzen und wie sie auf eure Anwesenheit reagieren. Diese Informationen helfen nicht nur beim besseren Verständnis der Waldbewohner, sondern können auch dazu beitragen, das Baumhaus möglichst naturverträglich zu gestalten. Ein besonders spannendes Phänomen ist die allmähliche Gewöhnung der Tiere an das Baumhaus. Ähnlich wie in urbanen Gebieten [s17] können sich Wildtiere an menschliche Strukturen anpassen und diese sogar für sich nutzen. Vielleicht entdeckt ihr eines Tages ein Eichhörnchennest in der Nähe eures Baumhauses oder beobachtet, wie Vögel die Plattform als Aussichtspunkt nutzen. Die Integration des Baumhauses in den natürlichen Lebensraum kann durch geschickte Gestaltung gefördert werden. Lasst bewusst einige "wilde Ecken" in der Umgebung bestehen, die den Tieren als Rückzugsort dienen können. Ein kleiner Trick: Installiert eine Wildtierkamera an einem geeigneten Platz - so könnt ihr auch die scheuen Nachttiere beobachten, ohne sie zu stören. Die Begegnung mit Wildtieren erfordert immer den richtigen Abstand und Respekt. Auch wenn es verlockend sein mag - füttert die Tiere nicht und versucht nicht, sie anzulocken. Dies könnte ihre natürlichen Verhaltensweisen stören und zu unerwünschten Abhängigkeiten führen. Stattdessen konzentriert euch darauf, ein stiller Beobachter zu sein und die natürlichen Abläufe im Wald zu dokumentieren. Mit der Zeit entwickelt sich oft ein faszinierendes Gleichgewicht zwischen Baumhaus und Waldbewohnern [s18]. Die anfängliche Unruhe legt sich, und die Tiere integrieren die neue Struktur in ihren Lebensraum. Diese harmonische Koexistenz zu erleben und zu dokumentieren, kann eine der bereicherndsten Erfahrungen beim Baumhausabenteuer sein. Durch regelmäßige Beobachtung und Dokumentation könnt ihr einen wertvollen Beitrag zum Verständnis der lokalen Wildtierpopulation leisten. Teilt eure Erkenntnisse mit anderen Naturinteressierten oder lokalen Naturschutzgruppen. So trägt euer Baumhausabenteuer nicht nur zu eurem eigenen Naturverständnis bei, sondern fördert auch das allgemeine Bewusstsein für die Bedeutung des Wildtierschutzes [s17].

Zusammenfassung - 1. 3. Baumhaus-Abenteuer

- Ein Baumhaus in 3-4 Metern Höhe benötigt besonders dicke, stabile Äste als tragende Konstruktion
- Eine Zugbrücke als innovativer Zugang erhöht die Sicherheit und den Abenteuercharakter
- Markante Orientierungspunkte wie Felsformationen sind essentiell für die Navigation im Waldgebiet
- Die Dokumentation von Tierbeobachtungen in einem Naturtagebuch ermöglicht wertvolle wissenschaftliche Erkenntnisse
- Regelmäßige "Bau-Besprechungen" optimieren die Aufgabenverteilung nach individuellen Fähigkeiten
- Eine "Schatzkammer" für Naturartefakte dient der systematischen Kategorisierung von Fundstücken
- Spezielle Klopfrhythmen als Zugangscodes erhöhen die Sicherheit des Verstecks
- Eine "Forschungsecke" mit Kompass und Fernglas ermöglicht präzise Naturbeobachtungen
- Die Integration eines Wetterkalenders dokumentiert jahreszeitliche Veränderungen und Naturphänomene
- Wildtierkameras ermöglichen die Beobachtung scheuer Nachttiere ohne Störung ihres natürlichen Verhaltens
- Die allmähliche Gewöhnung der Waldtiere führt oft zur Nutzung des Baumhauses als Aussichtspunkt
- Die Vermeidung von Aktivitäten in der Dämmerung reduziert Störungen der Wildtierpopulation

Rückblick - 1. Magische Baumhauswelten

- Das älteste dokumentierte Baumhaus steht in Shropshire, England und wurde erstmals 1692 erwähnt
- Im 19. Jahrhundert gab es in Frankreich spezielle Baumrestaurants mit gazeboähnlichen Strukturen zum Speisen
- In der Normandie existieren zwei über 300 Jahre alte Baumhäuser in einer historischen Eiche
- Eine Villa des 16. Jahrhunderts verfügte über ein ausgeklügeltes Wasserspiel durch im Baum versteckte Rohre
- Die Korowai in Papua errichten ihre Behausungen in beachtlichen Höhen von bis zu 35 Metern über Sago-Sümpfen
- Die Baumhäuser der Korowai haben eine begrenzte Haltbarkeit von 5-7 Jahren und werden aus lokalen Materialien gebaut
- Traditionelle Baumhausdörfer entwickelten ausgeklügelte Systeme zur Selbstversorgung mit essbaren Gärten
- Bodentiefe Fenster und strategisch platzierte Fensterelemente maximieren die Aussichtsmöglichkeiten
- Die Deckenhöhe und der Neigungswinkel des Daches spielen eine wichtige Rolle für optimale Sichtlinien
- Im Winter ermöglichen kahle Äste einen klaren Blick auf die Konstruktion für Wartungsarbeiten
- Die intensive Verbindung zur Natur macht Baumhausbewohner zu privilegierten Beobachtern der Jahreszeiten
- Wildtiere können sich an Baumhausstrukturen gewöhnen und diese sogar als Aussichtspunkte nutzen
- Die harmonische Koexistenz zwischen Baumhaus und Waldbewohnern entwickelt sich meist erst nach einer Eingewöhnungsphase
- Mit diesen faszinierenden Einblicken in die Welt der Baumhäuser stellt sich nun die spannende Frage: Wie plant und konstruiert man solch magische Refugien in luftiger Höhe?

2. Planung und Konstruktion

Die Planung und Konstruktion eines Baumhauses erfordert weit mehr als handwerkliches Geschick und kreative Ideen. Wie lässt sich die natürliche Bewegung eines lebenden Baumes mit den Anforderungen an ein sicheres und stabiles Bauwerk vereinbaren? Welche Materialien eignen sich für die besonderen Herausforderungen in luftiger Höhe? Von der Wahl des richtigen Baumes über die Verwendung geeigneter Holzarten bis hin zu durchdachten Befestigungssystemen – jedes Detail spielt eine entscheidende Rolle für die Langlebigkeit und Sicherheit der Konstruktion. Die Lastverteilung muss sowohl statische als auch dynamische Kräfte berücksichtigen, während eine flexible Bauweise dem Wachstum des Baumes Rechnung trägt. Die folgenden Abschnitte beleuchten die technischen Aspekte des Baumhausbaus und zeigen auf, wie sich traditionelle Zimmermannskunst mit modernen Konstruktionsmethoden verbinden lässt. Dabei wird deutlich: Ein gut geplantes Baumhaus ist eine faszinierende Synthese aus Naturverständnis und technischem Know-how.

2. 1. Standortwahl und Baumanalyse

Die Wahl des richtigen Standorts und die gründliche Analyse des Baumes bilden das Fundament für ein sicheres und langlebiges Baumhaus. Doch welche Kriterien bestimmen eigentlich die Eignung eines Baumes? Wie lässt sich einschätzen, ob ein Standort nicht nur heute, sondern auch in zehn Jahren noch geeignet ist? Und welche oft übersehenen Umgebungsfaktoren können den Erfolg des Projekts maßgeblich beeinflussen? Die Komplexität dieser Entscheidungen wird häufig unterschätzt. Neben offensichtlichen Faktoren wie Baumart und Stammdicke spielen auch Mikroklima, Bodenbeschaffenheit und zukünftige Entwicklungen eine entscheidende Rolle. Eine systematische Herangehensweise an diese Herausforderungen ist unerlässlich - denn die sorgfältige Analyse zu Beginn erspart später aufwändige Korrekturen oder gar einen kompletten Neubau. Die folgenden Abschnitte bieten einen detaillierten Einblick in die relevanten Aspekte der Standortwahl und Baumanalyse - von der Beurteilung verschiedener Baumarten bis hin zur Bewertung lokaler Umwelteinflüsse.

„Für ein durchschnittliches Baumhaus sollte der Stammdurchmesser mindestens 30 cm betragen.“

2. 1. 1. Geeignete Baumarten

Die Wahl der richtigen Baumart ist fundamental für ein sicheres und langlebiges Baumhaus. Grundsätzlich eignen sich sowohl Laub- als auch Nadelbäume, wobei besonders Laubbäume durch ihr dichtes Holz überzeugen und größere Lasten tragen können [s19]. Als besonders geeignet haben sich Eichen, Buchen, Ahornbäume, Zedern, Hemlocktannen und Douglasien erwiesen [s20]. Bei der Auswahl des Baumes spielt der Stammdurchmesser eine entscheidende Rolle. Für ein durchschnittliches Baumhaus sollte dieser mindestens 30 cm betragen [s21]. Ein praktischer Tipp zur Messung: Wickeln Sie einfach ein Maßband um den Stamm und teilen Sie den Wert durch 3,142 (Pi) [s20]. Bei der Verteilung der Last auf mehrere Bäume können auch dünnere Stämme verwendet werden. Beispielsweise könnte man drei Bäume mit je 20 cm Durchmesser für ein mittelgroßes Baumhaus nutzen. Besonders wichtig ist die Gesundheit des Baumes. Achten Sie auf Warnsignale wie mehrere abgestorbene Äste, fleckige oder verfärbte Blätter sowie Flüssigkeitsaustritt aus der Rinde [s19]. Ein gesunder Baum ist die Grundvoraussetzung für ein sicheres Baumhaus - verwenden Sie niemals tote Bäume als Stützen, da deren Verhalten unvorhersehbar ist [s22]. Von bestimmten Baumarten sollte man grundsätzlich Abstand nehmen. Weichholzarten wie Weiden, Pappeln oder Boxelder sind aufgrund ihrer Brüchigkeit ungeeignet [s23] [s20]. Diese Bäume können unter der Last eines Baumhauses im Laufe der Zeit nachgeben und stellen damit ein Sicherheitsrisiko dar [s24]. Die Höhenpositionierung des Baumhauses erfordert besondere Überlegung. Bei Kinderbaumhäusern gilt die Faustregel: nicht höher als 3 Meter [s25]. In windexponierten Lagen empfiehlt es sich, das Baumhaus im unteren Drittel des Baumes zu errichten, da ein Baumhaus wie ein Segel wirkt und die Windlast erhöht [s25]. Ein praktisches Beispiel: In einer windigen Küstenregion wäre ein Baumhaus in 2,5 Meter Höhe in einer robusten Eiche ideal. Die Astdicke spielt ebenfalls eine wichtige Rolle: Für einstöckige Konstruktionen sollten die tragenden Äste mindestens 20 cm dick sein. Bei mehrgeschossigen Baumhäusern oder solchen mit Überhängen erhöht sich die erforderliche Mindestdicke auf 30 cm [s25]. Vor Baubeginn ist eine professionelle Inspektion des Baumes dringend zu empfehlen [s21]. Ein Fachmann kann versteckte Schwächen erkennen und beurteilen, ob der Baum für das geplante Projekt geeignet ist. Dabei sollte auch auf Insektenbefall und eventuell vorhandene Wildtiere geachtet werden

[s23]. Bei der Befestigung des Baumhauses ist zu beachten, dass Bäume durch Dickenwachstum ihren Umfang vergrößern, nicht aber ihre Höhe verändern [s19]. Daher sollten Befestigungspunkte so gewählt werden, dass sie das natürliche Wachstum nicht behindern. Ein praktischer Tipp: Verwenden Sie spezielle Baumhaus-Schrauben mit beweglichen Aufhängungen, die dem Baum Raum zum Wachsen lassen. Der Standort des Baumes ist ebenfalls entscheidend. Wählen Sie einen ebenen Untergrund und vermeiden Sie nasse Böden, um das Risiko eines Umkippens zu minimieren [s24]. Ein Baum in einem Waldverbund ist dabei oft besser geeignet als ein freistehender Baum, da er weniger Windbelastung ausgesetzt ist [s19].

Buche [i6]

Glossar

Boxelder
Ein nordamerikanischer Ahornbaum, auch Eschen-Ahorn genannt, der trotz seiner Verwandtschaft zum gewöhnlichen Ahorn deutlich weicheres Holz aufweist

Douglasie
Ein schnellwachsender Nadelbaum mit sehr stabilem, harzreichem Holz, der sich durch eine besonders gute Tragfähigkeit bei Querbelastungen auszeichnet

Hemlocktanne
Eine nordamerikanische Nadelbaumart, die sich durch besonders zähes und widerstandsfähiges Holz auszeichnet und eine natürliche Resistenz gegen Fäulnis besitzt

2. 1. 2. Umgebungsfaktoren

Bei der Planung eines Baumhauses spielen die Umgebungsfaktoren eine entscheidende Rolle für Sicherheit und Langlebigkeit der Konstruktion. Eine sorgfältige Analyse dieser Faktoren ist unerlässlich, um später böse Überraschungen zu vermeiden.

Das lokale Mikroklima hat einen erheblichen Einfluss auf das Baumhaus und seinen Standort. Bäume verändern durch Beschattung und Verdunstung die unmittelbaren klimatischen Bedingungen [s26]. Dies kann sowohl vorteilhaft als auch herausfordernd sein. Ein praktischer Tipp: Beobachten Sie den ausgewählten Standort über mehrere Tageszeiten hinweg. Notieren Sie sich, wann und wie lange direkte Sonneneinstrahlung erfolgt. In städtischen Gebieten können Bereiche mit dichtem Baumbestand bis zu 2,8°C kühler sein als ungeschützte Flächen [s26]. Dies sollte bei der Materialwahl und Ausrichtung des Baumhauses berücksichtigt werden.

Mikroklima [i7]

Die Geländebeschaffenheit spielt eine wichtige Rolle bei der Standortwahl. Eine gründliche Standortbewertung [s27] sollte folgende Aspekte umfassen: Hangneigung, Bodenbeschaffenheit und Drainage. Bei Hanglage beispielsweise sollte das Fundament entsprechend angepasst werden. Ein praktisches Beispiel: Bei einem Gefälle von mehr als 15° empfiehlt sich eine zusätzliche Abstützung durch Pfosten oder eine terrassenförmige Gestaltung der Plattform. Die Windexposition ist ein kritischer Faktor. Eine lokale Kontextbewertung [s27] hilft, dominante Windrichtungen und potenzielle Windkanäle zu identifizieren. In windexponierten Lagen sollten Sie zusätzliche Verstrebungen einplanen und die Konstruktion aerodynamisch gestalten. Ein konkreter Tipp: Installieren Sie

Geländebeschaffenheit [i8]

einen einfachen Windmesser für einige Wochen vor Baubeginn, um verlässliche Daten zu sammeln. Umgebende Infrastruktur muss ebenfalls berücksichtigt werden. Überprüfen Sie die Nähe zu Stromleitungen, unterirdischen Versorgungsleitungen oder Abwasserkanälen. Ein Sicherheitsabstand von mindestens 3 Metern zu Stromleitungen ist zwingend erforderlich. Lassen Sie sich von lokalen Versorgungsunternehmen Leitungspläne zur Verfügung stellen. Die zukünftigen klimatischen Bedingungen sollten in die Planung einbezogen werden [s28]. Klimawandelszenarien können Auswirkungen auf die Stabilität und Lebensdauer des Baumhauses haben. Wählen Sie entsprechend robuste Materialien und Konstruktionsweisen. Beispielsweise eignen sich wetterbeständige Hölzer und korrosionsgeschützte Befestigungselemente besonders gut. Ein adaptives Management [s27] ermöglicht es, auf veränderte Umgebungsbedingungen zu reagieren. Planen Sie regelmäßige Inspektionen ein und dokumentieren Sie Veränderungen. Ein praktischer Ansatz: Erstellen Sie eine Checkliste für vierteljährliche Kontrollen, die Baumgesundheit, Stabilität der Konstruktion und Umgebungsveränderungen umfasst. Die Einbindung lokaler Expertise [s27] kann wertvolle Erkenntnisse über standortspezifische Herausforderungen liefern. Konsultieren Sie Nachbarn oder lokale Gärtner, die mit den örtlichen Bedingungen vertraut sind. Sie können wichtige Informationen über jahreszeitliche Besonderheiten, Wetterextreme oder frühere Probleme beisteuern. Langfristige Planung [s27] ist essentiell für die Nachhaltigkeit des Projekts. Berücksichtigen Sie das Wachstum umgebender Vegetation, mögliche Veränderungen der Grundstücksnutzung und zukünftige Entwicklungen in der Nachbarschaft. Ein konkretes Beispiel: Lassen Sie ausreichend Raum für das Wachstum junger Bäume in der Umgebung. Die Bewässerungssituation sollte ebenfalls bedacht werden [s28]. Entwickeln Sie einen Plan für die Wasserversorgung des Baumes, besonders in Trockenperioden. Ein praktischer Tipp: Installieren Sie ein einfaches Bewässerungssystem mit Tropfschläuchen, das bei Bedarf aktiviert werden kann.

Glossar

adaptives Management
Eine flexible Verwaltungsmethode, die sich kontinuierlich an neue Situationen anpasst und aus Erfahrungen lernt. Ermöglicht schnelle Reaktionen auf unerwartete Veränderungen.

Mikroklima
Beschreibt die klimatischen Bedingungen in einem räumlich eng begrenzten Bereich, wie zum Beispiel zwischen Bäumen. Kann sich deutlich vom allgemeinen Klima der Region unterscheiden.

Zusammenfassung - 2. 1. Standortwahl und Baumanalyse

- Laubbäume können durch ihr dichtes Holz deutlich größere Lasten tragen als Nadelbäume
- Für ein durchschnittliches Baumhaus sollte der Stammdurchmesser mindestens 30 cm betragen
- Bei Verteilung der Last auf mehrere Bäume können auch drei Stämme mit je 20 cm Durchmesser ausreichen
- Weichholzarten wie Weiden und Pappeln sind wegen ihrer Brüchigkeit ungeeignet
- In windexponierten Lagen sollte das Baumhaus im unteren Drittel des Baumes errichtet werden
- Tragende Äste müssen bei eingeschossigen Konstruktionen mindestens 20 cm dick sein, bei mehrgeschossigen 30 cm
- Bäume vergrößern durch Dickenwachstum ihren Umfang, nicht aber ihre Höhe
- In städtischen Gebieten können Bereiche mit dichtem Baumbestand bis zu 2,8°C kühler sein als ungeschützte Flächen
- Bei Hanglagen über 15° Gefälle ist eine zusätzliche Abstützung durch Pfosten erforderlich
- Ein Sicherheitsabstand von mindestens 3 Metern zu Stromleitungen ist zwingend notwendig
- Ein Baum im Waldverbund ist stabiler als ein freistehender Baum aufgrund geringerer Windbelastung

2. 2. Materialien und Werkzeuge

Die Auswahl geeigneter Materialien und Werkzeuge entscheidet maßgeblich über Stabilität, Langlebigkeit und Sicherheit eines Baumhauses. Doch welche Holzart eignet sich am besten für tragende Konstruktionen? Welche Befestigungssysteme gewährleisten eine sichere Verbindung zwischen Baumhaus und Baum, ohne diesem zu schaden? Die Komplexität moderner Baumhauskonstruktionen erfordert durchdachte Materialkombinationen und spezialisierte Werkzeuge. Während traditionelle Baumhäuser oft mit einfachen Mitteln errichtet wurden, basieren heutige Konstruktionen auf ingenieurtechnischen Erkenntnissen und innovativen Befestigungslösungen. Die folgenden Abschnitte bieten eine systematische Übersicht der wichtigsten Materialien und Werkzeuge - von der Auswahl der richtigen Holzart bis hin zu modernen Befestigungssystemen, die eine sichere und baumsensible Konstruktion ermöglichen.

> *„Für tragende Verbindungen sollten ausschließlich große Bolzen mit mindestens 19 mm (¾ Zoll) Durchmesser verwendet werden."*

2. 2. 1. Holzarten und ihre Eigenschaften

Die Wahl der richtigen Holzart ist für den Bau eines sicheren und langlebigen Baumhauses von entscheidender Bedeutung. Grundsätzlich unterscheidet man zwischen Hartholz, Weichholz und engineered wood, wobei jede Kategorie ihre spezifischen Eigenschaften und Einsatzgebiete hat [s29]. Harthölzer, die von Laubbäumen stammen, zeichnen sich durch ihre höhere Dichte und Langlebigkeit aus [s30]. Diese Eigenschaften machen sie besonders geeignet für tragende Konstruktionen im Baumhausbau. Beim Verschrauben von Hartholz sollte man jedoch unbedingt vorbohren, da das dichte Material sonst leicht splittern kann. Ein klassisches Beispiel ist Eichenholz, das sich durch seine außergewöhnliche Witterungsbeständigkeit auszeichnet und sich daher hervorragend für die Außenkonstruktion eignet [s31]. Weichhölzer, die von Nadelbäumen stammen, sind hingegen leichter zu bearbeiten und kostengünstiger [s31]. Für den Baumhausbau eignen sich besonders Douglasie oder Lärche, da diese Arten einen relativ hohen natürlichen Schutz gegen Witterungseinflüsse bieten. Bei der Verwendung von Weichholz im Außenbereich sollte man jedoch eine zusätzliche Behandlung mit Holzschutzmitteln in Betracht ziehen, um die Lebensdauer zu verlängern [s30]. Die spezifische Dichte des Holzes spielt eine zentrale Rolle für seine strukturellen Eigenschaften [s32]. Je höher die Dichte, desto besser die mechanischen Eigenschaften. Bei der Planung eines Baumhauses sollte man daher für tragende Elemente wie Bodenbalken und Stützen vorzugsweise dichtere Holzarten wählen. Ein praktischer Tipp: Mit dem Fingernagel kann man einen einfachen Härtetest durchführen - lässt sich das Holz leicht eindrücken, ist es für tragende Konstruktionen weniger geeignet.

Weichholz [i9]

Fichtenholz [i10]

Nadelholz besticht durch sein günstiges Verhältnis von Festigkeit zu Gewicht [s33]. Dies ist besonders wichtig beim Baumhausbau, wo jedes zusätzliche Gewicht die Belastung für den Baum erhöht. Für die Wandverkleidung eignet sich beispielsweise gut getrocknetes Fichtenholz, das zusätzlich gute dämmende Eigenschaften besitzt. Laubholz überzeugt durch seine hohe Widerstandsfähigkeit gegen Feuchtigkeit und atmosphärische Einflüsse [s33]. Für Bereiche, die besonders der Witterung ausgesetzt sind, wie etwa die Außenverkleidung oder Plattformen, empfiehlt sich daher die Verwendung von Laubholz. Bei der Verarbeitung sollte man beachten, dass Laubholz oft schwerer zu sägen und zu nageln ist - scharfe Werkzeuge und vorgebohrte Löcher sind hier unerlässlich. Die Behandlungsfähigkeit des Holzes variiert je nach Zellstruktur [s32]. Einige Holzarten nehmen Holzschutzmittel besser auf als andere. Bei der Auswahl des Holzes für ein Baumhaus sollte man daher auch berücksichtigen, ob und wie gut sich das Material nachträglich behandeln lässt. Besonders bei Weichholz im Außenbereich ist eine regelmäßige Nachbehandlung wichtig. Engineered wood, wie etwa Sperrholz, bietet eine hohe Widerstandsfähigkeit gegen Feuchtigkeit und Chemikalien [s33]. Für den Innenausbau des Baumhauses, etwa für Wandverkleidungen oder Möbel, ist dies eine praktische und kostengünstige Alternative zu Massivholz. Dabei sollte man jedoch darauf achten, wasserfestes Sperrholz zu verwenden, da normale Qualitäten bei Feuchtigkeit aufquellen können. Die <u>Janka-Härteprüfung</u> bietet eine gute

Orientierung für die Widerstandsfähigkeit verschiedener Holzarten [s31]. Je höher der Janka-Wert, desto widerstandsfähiger ist das Holz gegen mechanische Beanspruchung. Für stark beanspruchte Bereiche wie Treppen oder Plattformen sollte man Holzarten mit hohen Janka-Werten wählen.

Glossar

engineered wood
Industriell hergestelltes Holzprodukt, bei dem Holzfasern, -späne oder -schichten mit Bindemitteln zu neuen Werkstoffen verbunden werden. Beispiele sind neben Sperrholz auch OSB-Platten und MDF.

Janka-Härteprüfung
Ein standardisiertes Messverfahren zur Bestimmung der Holzhärte, bei dem eine Stahlkugel mit 11,28 mm Durchmesser in das Holz gedrückt wird. Die benötigte Kraft wird in Newton (N) gemessen.

2. 2. 2. Befestigungssysteme

Die Wahl des richtigen Befestigungssystems ist für die Stabilität und Sicherheit eines Baumhauses von fundamentaler Bedeutung. Dabei müssen sowohl die Verbindungen zum Baum als auch die Verbindungen zwischen den einzelnen Bauteilen sorgfältig geplant werden [s34]. Für die Befestigung am Baum kommen hauptsächlich zwei Systeme zum Einsatz: starre und flexible Verbindungen. Starre Verbindungen eignen sich vor allem für Bäume, die sich wenig bewegen, und sollten nur bei Ästen mit einem Durchmesser unter 15 cm verwendet werden [s35]. Bei der Installation von Bolzen im Baum gilt die wichtige Faustregel, dass diese mindestens 30 cm Abstand voneinander haben sollten, um die natürliche Kompartimentierung des Baumes nicht zu stören [s35]. Verwenden Sie für tragende Verbindungen ausschließlich große Bolzen mit mindestens 19 mm (¾ Zoll) Durchmesser [s35]. Flexible Befestigungssysteme sind in den meisten Fällen die bessere Wahl, da sie die natürliche Bewegung des Baumes berücksichtigen. Ein bewährtes System ist das gleitende Gelenk in J-Form, das am Baum befestigt wird und dem Balken erlaubt, sich in eine Richtung zu bewegen [s35]. Bei der Installation ist besonders darauf zu achten, dass keine Metallteile direkten Kontakt zur lebenden Baumrinde haben, um Schäden zu vermeiden. Ein praktischer Tipp ist hier, Gummipuffer zwischen Metall und Rinde einzusetzen. Für die Fundamentierung der Stützpfosten sind Betonfundamente unerlässlich. Diese müssen in kalten Regionen mindestens 91 cm (3 Fuß) tief sein, um unter die Frostgrenze zu reichen [s36]. Eine bewährte Methode ist die Verwendung von speziellen Metallhalterungen, die im Beton eingelassen werden. Diese schützen die Holzpfosten vor aufsteigender Feuchtigkeit und verlängern deren Lebensdauer erheblich [s36]. Die Stabilität der gesamten Konstruktion wird durch diagonale Verstrebungen gewährleistet. Hierfür haben sich 5x15 cm (2x6 Zoll) Hölzer bewährt, die in X-Form zwischen den Stützpfosten angebracht werden [s37]. Zusätzliche Stabilität kann durch Edelstahlverspannungen erreicht werden, die horizontale Bewegungen minimieren [s37]. Für die Verbindung der Holzteile untereinander sollten keine gewöhnlichen Nägel verwendet werden [s35]. Stattdessen kommen spezielle Verbindungstechniken zum Einsatz: Schräg eingebrachte Schrauben bieten eine hohe Zugfestigkeit [s38], während größere Verbindungen mit Sicherungsbolzen ausgeführt werden. Bei der Montage der Plattform werden zunächst die äußeren Stützelemente mit den Pfosten verschraubt, nachdem der Beton ausgehärtet ist. Anschließend werden die Balken (Joists) zwischen den äußeren Trägern montiert und eine Sperrholzplatte aufgebracht, die der Konstruktion zusätzliche Steifigkeit verleiht [s36]. Ein innovativer Ansatz ist die Verwendung elastischer Bänder für die Baumanbindung [s37]. Diese Technik erlaubt es der Konstruktion, sich den natürlichen Bewegungen des Baumes anzupassen, ohne dabei die Stabilität zu gefährden. Bei der Installation sollte man darauf achten, dass die Bänder nicht zu straff gespannt werden, um ausreichend Bewegungsspielraum zu lassen. Für besonders exponierte Verbindungsstellen empfiehlt sich die Verwendung von imprägniertem Holz [s38]. Die Imprägnierung schützt vor Fäulnis und verlängert die Lebensdauer der Konstruktion erheblich. Ein praktischer Tipp ist hier, alle Schnittflächen nachträglich mit einem Holzschutzmittel zu behandeln, da die Imprägnierung nur in den äußeren Schichten wirksam ist.

Glossar

Kompartimentierung

Natürlicher Schutzmechanismus des Baumes, bei dem dieser verletzte Bereiche durch chemische Barrieren vom gesunden Gewebe abgrenzt, um Fäulnis und Krankheiten einzudämmen

Zusammenfassung - 2. 2. Materialien und Werkzeuge

- Hartholz von Laubbäumen erfordert zwingend Vorbohren beim Verschrauben aufgrund der hohen Dichte
- Die Janka-Härteprüfung bestimmt die mechanische Widerstandsfähigkeit verschiedener Holzarten
- Douglasie und Lärche bieten als Weichhölzer einen natürlichen Schutz gegen Witterung
- Die Zellstruktur bestimmt maßgeblich die Behandlungsfähigkeit mit Holzschutzmitteln
- Bolzen im Baum müssen mindestens 30 cm Abstand haben für die natürliche Kompartimentierung
- Tragende Verbindungen benötigen Bolzen mit mindestens 19 mm Durchmesser
- Gleitende J-Form Gelenke ermöglichen flexible Bewegungen zwischen Baum und Konstruktion
- Betonfundamente müssen in kalten Regionen 91 cm tief reichen für Frostschutz
- Diagonale Verstrebungen aus 5x15 cm Hölzern in X-Form sichern die Stabilität
- Elastische Bänder zur Baumanbindung ermöglichen natürliche Bewegungsanpassung
- Imprägnierschutz wirkt nur in den äußeren Holzschichten, Schnittstellen erfordern Nachbehandlung

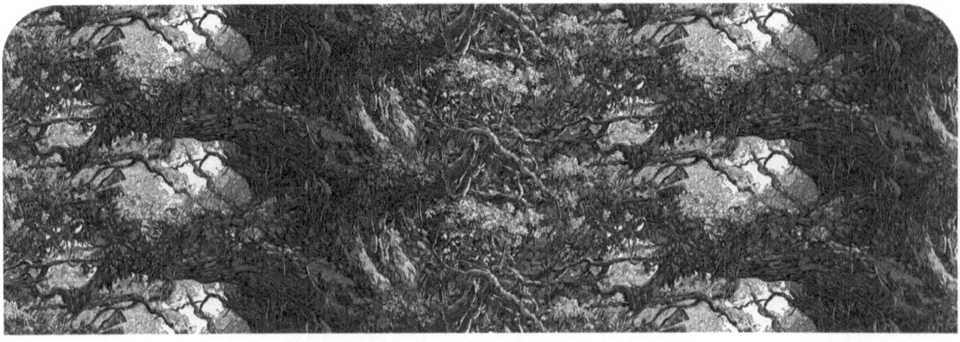

2. 3. Konstruktionsprinzipien

Wie plant man ein Baumhaus, das sowohl sicher als auch langlebig ist? Welche grundlegenden Konstruktionsprinzipien müssen beachtet werden, damit die Struktur den Naturgewalten standhält und gleichzeitig mit dem lebenden Baum harmoniert? Die Herausforderung liegt darin, technische Anforderungen mit den biologischen Bedürfnissen des Baumes in Einklang zu bringen. Die Konstruktion eines Baumhauses erfordert durchdachte Lösungen für zwei zentrale Aspekte: Eine ausgewogene Lastverteilung und eine flexible Bauweise, die sich den natürlichen Bewegungen des Baumes anpasst. Dabei spielen nicht nur die Wahl der richtigen Materialien und Verbindungstechniken eine Rolle, sondern auch das Verständnis für die dynamischen Kräfte, die auf die Konstruktion einwirken. Die folgenden Ausführungen zeigen detailliert, wie sich bewährte Konstruktionsprinzipien in der Praxis umsetzen lassen und welche technischen Innovationen dabei zum Einsatz kommen.

> *„Bei der Konstruktion von Baumhäusern sollten bei Hauptttragelementen mindestens zwei, besser drei Bolzen pro Verbindung verwendet werden, wobei zwischen den verbundenen Balken keine Spalten entstehen dürfen.“*

2. 3. 1. Lastverteilung

Eine durchdachte Lastverteilung ist für die Stabilität und Sicherheit eines Baumhauses von fundamentaler Bedeutung. Die Kräfte, die auf die Konstruktion einwirken, müssen gleichmäßig verteilt und sicher in den Baum bzw. die tragenden Elemente abgeleitet werden. Bei der Konstruktion ist besonders auf die Verbindung zwischen den tragenden Balken zu achten. Diese sollten durch eine ausreichende Anzahl schwerer Bolzen gesichert werden, wobei die Verbindungsstellen eng zusammengefügt werden müssen [s39]. In der Praxis hat sich bewährt, bei Haupttragelementen mindestens zwei, besser drei Bolzen pro Verbindung zu verwenden. Dabei ist es wichtig, dass zwischen den verbundenen Balken keine Spalten oder Abstände entstehen, da dies die Lastübertragung beeinträchtigen würde. Die Verwendung von Baukleber spielt ebenfalls eine wichtige Rolle, allerdings nicht primär für die Lastübertragung. Vielmehr dient er dazu, unerwünschte Bewegungen zu verhindern und die Verbindungsstellen gegen eindringende Feuchtigkeit zu versiegeln [s39]. Bei der praktischen Umsetzung sollte der Kleber dünn und gleichmäßig aufgetragen werden, bevor die Bauteile zusammengefügt werden. Ein besonders effektives Konstruktionsprinzip ist die Verwendung einer Boxrohrstahlkonstruktion, die sich durch ihre hohe Resistenz gegen Verwindungs- und Biegekräfte auszeichnet [s40]. Diese Bauweise ermöglicht es, größere Lasten aufzunehmen und gleichmäßig zu verteilen. Bei der Planung sollte man die Positionierung der tragenden Elemente so wählen, dass sie optimal auf die Gewichtsverteilung der gesamten Konstruktion abgestimmt sind. Die Verwendung von kleineren Querrippen hat sich als vorteilhaft erwiesen, da sie bei geringerem Eigengewicht eine sichere Befestigung der Bodenrahmen ermöglichen [s40]. In der Praxis sollten diese Querrippen in regelmäßigen Abständen von etwa 40-50 cm angebracht werden, um eine optimale Lastverteilung zu gewährleisten. Besondere Aufmerksamkeit verdienen die horizontalen Bolzenverbindungen in den Seitenwangen. Diese müssen vorgebohrt und mit geschweißten Unterlegscheiben verstärkt werden [s40]. Bei der praktischen Umsetzung ist es ratsam, die Bohrlöcher exakt auszumessen und leicht überdimensioniert zu bohren (etwa 1-2 mm größer als der Bolzendurchmesser), um Spannungen beim Einbau zu vermeiden. Bei mehrgeschossigen Konstruktionen muss die Lastverteilung besonders sorgfältig geplant werden. Das Gewicht der oberen Ebenen, insbesondere von Lofts, muss bei der Positionierung der tragenden Elemente berücksichtigt werden [s40]. Dabei ist es wichtig, die Lasten möglichst vertikal abzuleiten und Exzentrizitäten zu vermeiden. In der Praxis bedeutet dies, dass tragende Wände oder Stützen der oberen Geschosse direkt über den tragenden Elementen der unteren Ebenen angeordnet werden sollten. Die Lastverteilung muss auch dynamische Belastungen berücksichtigen, wie sie durch Wind, Schnee oder die Nutzung des Baumhauses entstehen. Hier hat sich die Installation von zusätzlichen diagonalen Verstrebungen bewährt, die die auftretenden Kräfte aufnehmen und in die Haupttragelemente ableiten können. Ein oft übersehener Aspekt ist die Bedeutung der Übergangsbereiche zwischen verschiedenen Materialien. Hier sollten stets geeignete Übergangsverbindungen verwendet werden, die unterschiedliche Materialeigenschaften und thermische Ausdehnungen berücksichtigen. In der praktischen Umsetzung empfiehlt sich die Verwendung von flexiblen Zwischenlagen oder speziellen Übergangsverbindern.

Glossar

Boxrohrstahlkonstruktion
Eine Bauweise aus rechteckigen oder quadratischen Stahlrohren, die durch ihre geschlossene Form besonders stabil ist und häufig im modernen Metallbau eingesetzt wird

Exzentrizität
Abweichung von der Mittellinie oder dem Zentrum einer Konstruktion, was zu ungleichmäßiger Kraftverteilung führen kann

2. 3. 2. Flexible Bauweise

Eine flexible Bauweise ist bei Baumhäusern essentiell, da sie sich den natürlichen Bewegungen und dem Wachstum des Baumes anpassen muss. Diese Anpassungsfähigkeit wird durch verschiedene konstruktive Maßnahmen erreicht, die sowohl die aktuelle Stabilität als auch zukünftige Veränderungen berücksichtigen. Das Panel-Framing-System hat sich als besonders geeignete Konstruktionsmethode erwiesen [s41]. Diese Bauweise verbindet traditionelle Holzrahmentechniken mit modernen Fertigungsmethoden. Die vorgefertigten Komponenten werden präzise im Werk hergestellt und ermöglichen eine schnelle, effiziente Montage vor Ort. Bei der praktischen Umsetzung sollte man darauf achten, dass die Panels so konstruiert sind, dass sie eine gewisse Flexibilität aufweisen, ohne dabei ihre strukturelle Integrität zu verlieren. Ein wichtiger Aspekt der flexiblen Bauweise sind die Stützsysteme. Flexible Stützen sind speziell entwickelt, um die natürlichen Bewegungen des Baumes aufzunehmen [s42]. Bei der Installation sollten große, speziell entwickelte Bolzen verwendet werden, die eine breite Flanschfläche aufweisen. Diese verteilen die Last gleichmäßig über den Baumstamm und ermöglichen gleichzeitig das weitere Wachstum des Baumes. In der Praxis hat sich bewährt, diese Bolzen so zu positionieren, dass sie in verschiedene Richtungen nachgestellt werden können. Die Wandkonstruktion zwischen den tragenden Balken spielt ebenfalls eine wichtige Rolle für die Flexibilität [s43]. Hier sollten leichte, aber stabile Materialien wie Sperrholz verwendet werden, kombiniert mit geeignetem Füllmaterial, das Risse verhindert, wenn sich die Konstruktion im Wind bewegt. Bei der Montage ist darauf zu achten, dass ausreichend Dehnungsfugen vorgesehen werden, die Bewegungen aufnehmen können. Ein zukunftsorientiertes Rahmenwerk ermöglicht spätere Erweiterungen oder Modifikationen [s44]. Dies bedeutet in der praktischen Umsetzung, dass bereits bei der Grundkonstruktion zusätzliche Anschlusspunkte und Verstärkungen vorgesehen werden sollten. Dabei müssen die Qualitäts- und Sicherheitsstandards sowohl für die aktuelle als auch für potenzielle zukünftige Nutzungen erfüllt werden. Die Verwendung von V-förmigen Säulen und diagonalen Kreuzversteifungen [s45] trägt zur strukturellen Flexibilität bei. Diese Konstruktionselemente ermöglichen nicht nur eine bessere Lastverteilung, sondern auch eine gewisse Beweglichkeit der Gesamtstruktur. Bei der Installation sollten die Verbindungspunkte so ausgeführt werden, dass sie kleine Bewegungen zulassen, ohne die Stabilität zu gefährden. Das Fundament und die Stützkonstruktion müssen ebenfalls flexibel gestaltet werden [s46]. Dabei haben sich verschiedene Techniken bewährt, wie der Einsatz von starren Rahmenstützen in Kombination mit flexiblen Verbindungselementen, die Verwendung von Metallwinkeln und Stahlkabeln sowie der Einbau von Kniefelgen. Bei der praktischen Umsetzung ist es wichtig, diese Elemente so zu dimensionieren, dass sie alle zu erwartenden Bewegungen aufnehmen können. Ein oft unterschätzter Aspekt der flexiblen Bauweise ist die Wartungsfreundlichkeit. Die Konstruktion sollte so gestaltet sein, dass regelmäßige Inspektionen und eventuelle Anpassungen einfach durchgeführt werden können. Dabei empfiehlt es sich, Zugangsöffnungen und Wartungspunkte bereits in der Planungsphase zu berücksichtigen. Die Integration von natürlichem Licht und Ausblicken [s45] muss ebenfalls flexibel gestaltet werden. Fenster und Türöffnungen sollten so konstruiert sein, dass sie die Bewegungen der Gesamtstruktur mitmachen können, ohne dabei ihre Dichtigkeit zu verlieren. In der Praxis hat sich die Verwendung von flexiblen Dichtungsprofilen und beweglichen Rahmenverbindungen bewährt.

Glossar

Kniefege

Spezielles Verbindungselement im Holzbau, das eine flexible Verbindung zwischen horizontalen und vertikalen Bauteilen ermöglicht und dabei Kräfte in mehrere Richtungen aufnehmen kann.

Panel-Framing-System

Eine moderne Bauweise, bei der vorgefertigte Wandelemente aus einem Rahmen mit beidseitiger Beplankung verwendet werden. Bietet hohe Stabilität bei geringem Gewicht und ermöglicht eine schnelle Montage.

Zusammenfassung - 2. 3. Konstruktionsprinzipien

- Die Lastverteilung erfordert mindestens zwei bis drei schwere Bolzen pro Haupttragelement-Verbindung
- Baukleber dient primär zur Bewegungsverhinderung und Feuchtigkeitsversiegelung, nicht zur Lastübertragung
- Boxrohrstahlkonstruktionen zeichnen sich durch hohe Resistenz gegen Verwindungs- und Biegekräfte aus
- Querrippen sollten in 40-50 cm Abständen für optimale Lastverteilung angebracht werden
- Horizontale Bolzenverbindungen benötigen geschweißte Unterlegscheiben und 1-2 mm übergroße Bohrlöcher
- Das Panel-Framing-System kombiniert traditionelle Holzrahmentechniken mit modernen Fertigungsmethoden
- Flexible Stützsysteme verwenden spezielle Bolzen mit breiter Flanschfläche für Baumanpassung
- V-förmige Säulen und diagonale Kreuzversteifungen ermöglichen strukturelle Flexibilität
- Kniefelgen und Metallwinkel-Stahlkabel-Kombinationen sorgen für flexible Fundamentierung
- Bewegliche Rahmenverbindungen und flexible Dichtungsprofile ermöglichen Anpassung bei Fenster- und Türöffnungen

Rückblick - 2. Planung und Konstruktion

- Laubbäume eignen sich durch ihr dichtes Holz besonders gut für Baumhäuser und können größere Lasten tragen.
- Der Stammdurchmesser sollte mindestens 30 cm betragen, bei Verteilung auf mehrere Bäume reichen auch je 20 cm.
- Weichholzarten wie Weiden, Pappeln oder Boxelder sind wegen ihrer Brüchigkeit ungeeignet.
- Für Kinderbaumhäuser gilt die maximale Höhe von 3 Metern, in windexponierten Lagen sollte das untere Drittel des Baumes genutzt werden.
- Tragende Äste müssen bei einstöckigen Konstruktionen mindestens 20 cm dick sein, bei mehrgeschossigen 30 cm.
- Die Boxrohrstahlkonstruktion zeichnet sich durch hohe Resistenz gegen Verwindungs- und Biegekräfte aus.
- Querrippen sollten in Abständen von 40-50 cm angebracht werden für optimale Lastverteilung.
- Das Panel-Framing-System verbindet traditionelle Holzrahmentechniken mit modernen Fertigungsmethoden.
- V-förmige Säulen und diagonale Kreuzversteifungen ermöglichen eine bessere Lastverteilung bei gleichzeitiger Beweglichkeit.
- In städtischen Gebieten können Bereiche mit dichtem Baumbestand bis zu 2,8°C kühler sein als ungeschützte Flächen.
- Nachdem nun die technischen Grundlagen gelegt sind, widmen wir uns der spannenden Frage, wie aus dem stabilen Grundgerüst ein gemütliches Refugium wird.

3. Gestaltung und Einrichtung

Die Gestaltung und Einrichtung eines Baumhauses ist weit mehr als das bloße Zusammenfügen von Holz und Nägeln. Wie lässt sich der begrenzte Raum optimal nutzen? Welche Rolle spielen natürliche Materialien für die harmonische Integration in die Umgebung? Und wie gewährleistet man dabei höchste Sicherheitsstandards? Die Herausforderung liegt in der Balance zwischen praktischer Funktionalität und atmosphärischer Gestaltung. Während die Raumaufteilung durchdachte Lösungen für Stauraum und Bewegungsflächen erfordert, müssen gleichzeitig technische Aspekte wie Beleuchtung und Absturzsicherungen berücksichtigt werden. Besonders die Integration des lebenden Baumes in das Konzept verlangt spezielle Aufmerksamkeit. Die folgenden Abschnitte zeigen konkrete Lösungsansätze für diese komplexen Anforderungen und liefern praktische Hinweise für die erfolgreiche Umsetzung eines sicheren und einladenden Baumhaus-Projekts.

3. 1. Außengestaltung

Die Außengestaltung eines Baumhauses stellt Bauherren vor besondere Herausforderungen: Wie lässt sich eine künstliche Struktur harmonisch in einen lebenden Organismus integrieren? Wie können Terrassen und Plattformen sowohl sicher als auch ästhetisch ansprechend konstruiert werden? Die Balance zwischen technischer Notwendigkeit und respektvollem Umgang mit der Natur erfordert durchdachte Lösungen und handwerkliches Geschick. Die Gestaltung der Außenhülle eines Baumhauses entscheidet maßgeblich über dessen Charakter und Langlebigkeit. Während einige Aspekte wie Materialwahl und Konstruktionsmethoden technisches Know-how erfordern, spielen auch gestalterische Elemente eine wichtige Rolle für die erfolgreiche Integration in den Naturraum. Die folgenden Abschnitte zeigen praxiserprobte Methoden und innovative Ansätze, die helfen, ein Baumhaus zu erschaffen, das sowohl den Baum als auch seine Bewohner respektiert.

> *„Eine Standardgröße für eine Hauptplattform beträgt etwa 2,44 x 2,44 Meter bei einer Höhe von 2,13 Metern."*

3. 1. 1. Naturnahe Integration

Die naturnahe Integration eines Baumhauses in seine Umgebung ist ein komplexer Prozess, der weit über die bloße Konstruktion hinausgeht. Es geht darum, eine harmonische Verbindung zwischen gebauter Struktur und natürlicher Umgebung zu schaffen, die beide Elemente respektiert und aufwertet [s47]. Bei der Planung sollte zunächst die vorhandene Vegetation sorgfältig analysiert werden. Die Auswahl des Standorts und des Träger-Baumes ist dabei von entscheidender Bedeutung. Das Baumhaus sollte so positioniert werden, dass es sich optimal in die reife Baumkronenlandschaft einfügt und dabei atemberaubende Ausblicke sowie einzigartige Möglichkeiten zur Wildtierbeobachtung bietet [s48].

Die verwendeten Materialien spielen eine Schlüsselrolle bei der naturnahen Integration. Lokale und nachhaltige Materialien wie heimisches Holz, Naturstein und in manchen Fällen sogar Stroh können verwendet werden, um eine authentische Verbindung zur Umgebung herzustellen [s49]. Ein praktischer Tipp ist es, bereits beim Materialeinkauf auf regionale Händler zu setzen und sich über die Herkunft der Materialien zu informieren. Die Verwendung von recycelten Materialien kann dabei nicht nur die Umweltbelastung reduzieren, sondern dem Baumhaus auch einen einzigartigen Charakter verleihen. Die strukturelle Integration erfolgt durch innovative Befestigungssysteme. Moderne Baumhäuser verwenden beispielsweise schwimmende Halterungen und flexible Plattformen, die es dem Baum ermöglichen, sich natürlich zu bewegen und zu wachsen [s50]. Ein bewährter Ansatz ist die Installation von verstellbaren Befestigungspunkten, die regelmäßig nachjustiert werden können, um das Baumwachstum zu berücksichtigen. Die Gestaltung der unmittelbaren Umgebung spielt eine wichtige Rolle bei der Integration. Anstatt großflächiger Versiegelung sollten naturbelassene Bereiche bevorzugt werden [s51]. Kieswege statt gepflasterter Flächen und schwebend konstruierte Zugangswege minimieren den Eingriff in den natürlichen Boden. Die Anlage von essbaren Gärten und die Verwendung einheimischer Pflanzen können dabei helfen, die Biodiversität zu fördern und eine

Naturstein [i11]

nachhaltige Selbstversorgung zu ermöglichen [s49]. Ein wichtiger Aspekt der naturnahen Integration ist die Schaffung fließender Übergänge zwischen Innen- und Außenraum [s52]. Große Fenster und offene Plattformen laden natürliches Licht und frische Luft ein und schaffen eine transparente Verbindung zur umgebenden Landschaft [s53]. Bei der praktischen Umsetzung empfiehlt es sich, mindestens eine Seite des Baumhauses mit bodentiefen Fenstern oder Glasschiebetüren auszustatten. Die Integration von Spielmöglichkeiten sollte ebenfalls naturnah erfolgen [s54]. Statt künstlicher Spielgeräte können natürliche Elemente wie Kletterbäume, Balancierbalken aus Baumstämmen oder Naturmaterialien zum kreativen Spielen eingesetzt werden. Ein praktischer Ansatz ist die Schaffung verschiedener Spielzonen mit unterschiedlichen Aktivitätsniveaus, die sich organisch in die Landschaft einfügen. Nachhaltigkeit ist ein weiterer Kernaspekt der naturnahen Integration [s55]. Die Installation von Solarpanelen, Regenwassernutzungssystemen und natürlicher Belüftung kann den ökologischen Fußabdruck minimieren. Bei der praktischen Umsetzung sollte von Anfang an ein ganzheitlicher Ansatz verfolgt werden, der sowohl die Bauphase als auch den späteren Betrieb berücksichtigt. Die naturnahe Integration eines Baumhauses ist auch eine Chance für Umweltbildung und Naturerfahrung [s55]. Durch die direkte Nähe zur Natur können Bewohner und Besucher ein tieferes Verständnis für ökologische Zusammenhänge entwickeln. Die Integration von Beobachtungsplattformen oder die Schaffung von Nistmöglichkeiten für Vögel können diese Erfahrung zusätzlich bereichern.

3. 1. 2. Terrassen und Plattformen

Terrassen und Plattformen bilden das Herzstück eines jeden Baumhauses und erfordern besondere Aufmerksamkeit bei Planung und Konstruktion. Die Grundfläche sollte dabei sorgfältig an die verfügbaren Gegebenheiten des Baumes und die geplante Nutzung angepasst werden. Eine bewährte Standardgröße für eine Hauptplattform beträgt etwa 2,44 x 2,44 Meter bei einer Höhe von 2,13 Metern [s56], was ausreichend Raum für verschiedene Aktivitäten bietet. Für die strukturelle Integrität ist die Verwendung von druckbehandeltem Holz unerlässlich [s57]. Dieses spezielle Material gewährleistet eine hohe Witterungsbeständigkeit und verlängert die Lebensdauer der Konstruktion erheblich. Bei der praktischen Umsetzung empfiehlt es sich, vor dem Zuschnitt alle Holzteile der Deckschicht zu nummerieren, um Verwechslungen zu vermeiden und einen reibungslosen Aufbau zu gewährleisten. Die Befestigung der Plattformen erfolgt entweder direkt am Baumstamm mittels spezieller Anker oder durch ein System von Winden [s58]. Diese Methoden berücksichtigen die Gesundheit des Baumes und ermöglichen dessen natürliches Wachstum. Zur zusätzlichen Stabilisierung werden Gewindestangen eingesetzt, die für die nötige Festigkeit sorgen, ohne den Baum zu sehr zu belasten. Ein wichtiger Aspekt ist die Installation von Fußungen unter den Plattformen [s57]. Diese erhöhen nicht nur die Stabilität der gesamten Konstruktion, sondern verteilen auch das Gewicht gleichmäßig. Bei der praktischen Umsetzung sollte man besonders auf die korrekte Ausrichtung und Nivellierung der Fußungen achten, da dies maßgeblich zur Langlebigkeit der Konstruktion beiträgt.

Balustern [i12]

Die Sicherheit spielt bei der Gestaltung von Terrassen und Plattformen eine zentrale Rolle. Geländer werden mit robusten Balken und speziellen Balustern installiert [s57]. In Bereichen, wo die Installation eines konventionellen Geländers nicht möglich ist, kommen Sicherheitsnetze zum Einsatz. Diese bieten nicht nur Schutz, sondern fügen sich auch optisch harmonisch in das Gesamtbild ein. Für den Zugang zur Plattform gibt es verschiedene Möglichkeiten. Eine praktische und kindgerechte Lösung ist die Installation einer festen Leiter aus direkt in den Baum geschraubten Brettern [s56].

Terrassen [i13]

Diese Option hat sich besonders bei jüngeren Nutzern bewährt, da sie mehr Sicherheit als eine Seilleiter bietet. Eine weitere sinnvolle Ergänzung ist der Einbau einer Falltür, die leicht genug für Kinder ist und mit einem Sicherheitsgriff ausgestattet werden sollte. Die Oberflächenbehandlung der Plattformen erfordert besondere Sorgfalt. Nach der Konstruktion erfolgt ein gründliches Schleifen, gefolgt von der Behandlung mit einer Holzschutzlasur [s57]. Dabei ist es wichtig, vor dem Auftragen der Lasur mit einem Feuchtigkeitsmesser sicherzustellen, dass das Holz ausreichend trocken ist. Diese Maßnahme garantiert eine optimale Haftung der Schutzschicht und damit einen langfristigen Witterungsschutz.

Ein häufig unterschätzter Aspekt ist die Bedeutung der Vorplanung. Die Erstellung eines Modells, beispielsweise aus Pappe [s56], kann dabei helfen, potenzielle Konstruktionsfehler frühzeitig zu erkennen und zu vermeiden. Diese Vorgehensweise spart nicht nur Zeit und Material, sondern ermöglicht auch eine bessere Visualisierung des Endresultats. Nicht immer wird eine perfekt ebene Plattform erreicht, was durch nachträgliches Schimming korrigiert werden kann [s56]. Diese Technik ermöglicht es, kleinere Unebenheiten auszugleichen und eine komfortable Nutzfläche zu schaffen. Bei der praktischen Umsetzung

Modell [i14]

sollte man dabei schrittweise vorgehen und regelmäßig die Ausrichtung überprüfen.

Glossar

Baluster
Senkrechte Stützelemente im Geländerbau, die zwischen Handlauf und Fußschiene montiert werden und zur Absturzsicherung dienen

Schimming
Eine Ausgleichstechnik im Holzbau, bei der dünne Holzkeile oder Plättchen verwendet werden, um Höhenunterschiede auszugleichen und eine ebene Fläche zu schaffen

Zusammenfassung - 3. 1. Außengestaltung

- Die naturnahe Integration erfordert schwimmende Halterungen und flexible Plattformen für natürliches Baumwachstum
- Verstellbare Befestigungspunkte ermöglichen regelmäßige Nachjustierung bei wachsenden Bäumen
- Schwebend konstruierte Zugangswege minimieren Eingriffe in den natürlichen Boden
- Die Standardgröße einer Hauptplattform beträgt 2,44 x 2,44 Meter bei 2,13 Meter Höhe
- Spezielle Anker oder Windensysteme ermöglichen die baumschonende Befestigung der Plattformen
- Gewindestangen sorgen für zusätzliche Stabilität ohne übermäßige Baumbelastung
- Fußungen unter den Plattformen verteilen das Gewicht gleichmäßig
- In nicht konventionell absicherbaren Bereichen kommen Sicherheitsnetze zum Einsatz
- Die Holzfeuchte muss vor dem Auftragen der Schutzlasur mit einem Feuchtigkeitsmesser überprüft werden
- Nachträgliches Schimming ermöglicht die Korrektur von Unebenheiten in der Plattformkonstruktion

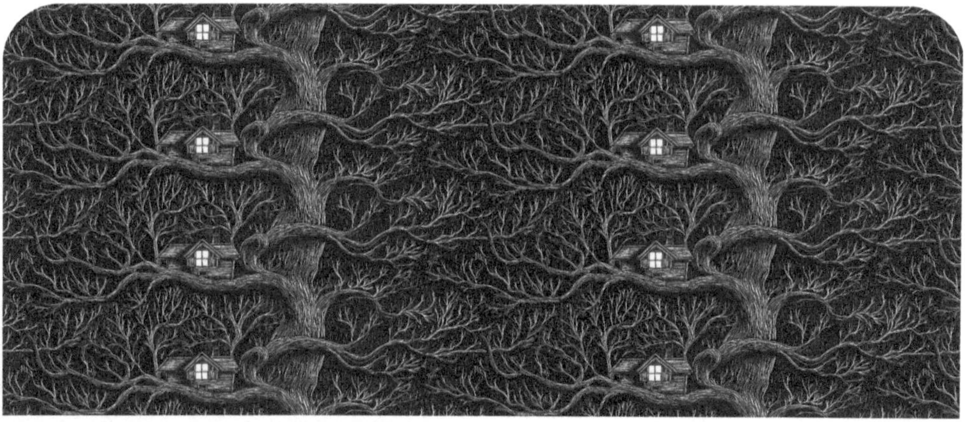

3. 2. Inneneinrichtung

Die Inneneinrichtung eines Baumhauses stellt Bauherren vor besondere Herausforderungen: Wie lässt sich der begrenzte Raum optimal nutzen? Welche Materialien eignen sich für die speziellen Anforderungen in luftiger Höhe? Und wie schafft man es, dabei nicht nur praktische, sondern auch ästhetische Aspekte zu berücksichtigen? Anders als bei konventionellen Bauprojekten müssen bei der Gestaltung eines Baumhauses zusätzliche Faktoren wie Gewichtsverteilung, Witterungseinflüsse und die Integration von Baumstämmen bedacht werden. Die durchdachte Planung der Inneneinrichtung ist dabei entscheidend für den langfristigen Wohnkomfort und die Nutzbarkeit des Refugiums. Von der cleveren Raumaufteilung über innovative Beleuchtungskonzepte bis hin zu multifunktionalen Möbellösungen - die folgenden Abschnitte zeigen praxiserprobte Ansätze, wie Sie Ihr Baumhaus in einen gleichermaßen funktionalen wie atmosphärischen Rückzugsort verwandeln.

> *„Ein Grundriss von 2,4 x 2,4 Metern hat sich als praktikable Grundfläche für ein Baumhaus bewährt.“*

3. 2. 1. Raumaufteilung

Bei der Raumaufteilung eines Baumhauses gilt es, jeden Quadratzentimeter optimal zu nutzen und dabei eine harmonische Balance zwischen Funktionalität und Gemütlichkeit zu schaffen. Die Planung beginnt idealerweise mit einer maßstabsgetreuen Zeichnung auf Millimeterpapier, wobei 1 Quadrat beispielsweise 30 Zentimeter entspricht [s59]. Dies ermöglicht eine präzise Vorausplanung und hilft, spätere Platzprobleme zu vermeiden. Ein bewährtes Grundkonzept ist ein Grundriss von etwa 2,4 x 2,4 Metern, der sich in der Praxis als praktikable Grundfläche erwiesen hat [s60]. Bei der Integration der Baumstämme in das Design sollten diese möglichst durch die Mitte der Struktur verlaufen, was nicht nur statische Vorteile bietet, sondern auch die Raumaufteilung vereinfacht. Um den verfügbaren Platz optimal zu nutzen, empfiehlt sich eine durchdachte Möblierung mit multifunktionalen Elementen. Besondere Aufmerksamkeit verdienen die Verkehrswege innerhalb des Baumhauses. Flure sollten mindestens 1,2 Meter breit sein, optimal sind 1,5 bis 1,8 Meter [s61]. Dies gewährleistet nicht nur eine komfortable Bewegungsfreiheit, sondern ermöglicht auch den problemlosen Transport von Möbeln und Materialien. Bei der praktischen Umsetzung hat sich bewährt, die Hauptverkehrswege mit einem rutschfesten Bodenbelag auszustatten. Für den Schlafbereich bieten sich platzsparende Lösungen wie Klappbetten an [s62]. Ein cleveres Design ermöglicht es, tagsüber zusätzlichen Raum für andere Aktivitäten zu gewinnen. Bei der Planung sollte berücksichtigt werden, dass pro schlafender Person mindestens eine Fläche von 1,8 x 0,9 Metern einzuplanen ist. Ein Arbeitsbereich von etwa 2,8 Quadratmetern mit einer 1,8 Meter breiten Schreibtischfläche [s61] bietet ausreichend Platz für konzentriertes Arbeiten oder kreative Tätigkeiten. Die Positionierung eines Fensters über dem Arbeitsbereich sorgt für optimale natürliche Beleuchtung und verhindert Ermüdungserscheinungen. Innovative Elemente wie kleine integrierte Gewächshäuser [s63] können die Verbindung zur umgebenden Natur verstärken und gleichzeitig als natürliche Raumteiler fungieren. Bei der Umsetzung sollte darauf geachtet werden, dass die Pflanzen ausreichend Licht erhalten und die Luftfeuchtigkeit kontrollierbar bleibt. Für zusätzlichen Komfort sorgt ein separater Lesebereich, idealerweise als erhöhter Loft ausgeführt. Ein Raum von etwa 2,1 x 3 Metern [s64] bietet hierfür optimale Voraussetzungen. Die Installation eines robusten aber leicht zu reinigenden Bodenbelags, kombiniert mit gemütlichen Sitzkissen, schafft eine einladende Atmosphäre. Bei der Gestaltung von Außenbereichen wie Decks sollte der vorhandene Platz großzügig bemessen sein [s60]. Diese Bereiche dienen nicht nur der Erholung, sondern können auch als zusätzliche Nutzfläche für verschiedene Aktivitäten genutzt werden. Die Integration von sicheren Geländern ist dabei unerlässlich. Für Familien mit Kindern empfiehlt sich eine dreieckige Grundform [s62], die nicht nur eine optimale Raumnutzung ermöglicht, sondern auch eine bessere Übersicht bietet. Bei der Planung sollte ausreichend Spielfläche vorgesehen werden, idealerweise mit der Möglichkeit, flexible Stauraum-Lösungen zu integrieren. Der Essbereich sollte großzügig bemessen sein, optimal sind etwa 16 Quadratmeter [s61]. Dies ermöglicht nicht nur gemeinsame Mahlzeiten, sondern bietet auch Raum für Gesellschaftsspiele oder andere gemeinsame Aktivitäten. Bei der Möblierung empfiehlt sich ein ausziehbarer Tisch, der je nach Bedarf Platz für sechs bis acht Personen bietet.

3. 2. 2. Beleuchtungskonzepte

Die richtige Beleuchtung spielt in einem Baumhaus eine zentrale Rolle, da sie nicht nur für ausreichende Helligkeit sorgt, sondern auch maßgeblich die Atmosphäre bestimmt. Ein durchdachtes Beleuchtungskonzept kombiniert dabei natürliches Tageslicht mit künstlichen Lichtquellen und schafft so zu jeder Tageszeit optimale Lichtverhältnisse [s65]. Große Fenster sind der Schlüssel zur optimalen Nutzung des natürlichen Tageslichts. Bei der Planung sollte darauf geachtet werden, dass die Fenster strategisch günstig positioniert werden, um möglichst lange von der natürlichen Beleuchtung zu profitieren. Ein bewährter Ansatz ist die Installation von Fenstern in verschiedenen Höhen und an unterschiedlichen Wänden, wodurch der Lichteinfall über den gesamten Tag verteilt wird. Besonders effektiv sind dabei Dachfenster oder ein gewelltes, transparentes Kunststoffdach, das zusätzliches Licht in den Raum lässt [s66]. Für die künstliche Beleuchtung empfiehlt sich ein Schichtenkonzept mit verschiedenen Lichtquellen. Als Grundbeleuchtung eignen sich batteriebetriebene LED-Leuchten, die energieeffizient und sicher sind [s67]. Diese können durch dekorative Lichterketten ergänzt werden, die wie Perlenschnüre den Raum schmücken und eine märchenhafte Atmosphäre schaffen [s68]. Bei der praktischen Umsetzung hat sich bewährt, die Lichterketten entlang der Dachbalken oder um tragende Säulen zu wickeln. Für gemütliche Abendstunden sorgen flammenlose LED-Kerzen, die in Laternen oder als eigenständige Dekoration platziert werden können [s67]. Diese bieten nicht nur eine sichere Alternative zu echten Kerzen, sondern schaffen auch eine warme, einladende Atmosphäre. Ein praktischer Tipp ist die Verwendung von Laternen mit Timer-Funktion, die sich automatisch ein- und ausschalten. Bei der Auswahl der Leuchten lohnt sich der Blick abseits der großen Einrichtungshäuser. Spezialisierte Anbieter bieten oft einzigartige Beleuchtungsoptionen, die dem Baumhaus einen individuellen Charakter verleihen [s69]. Dabei sollte auf wasserfeste und sturmsichere Ausführungen geachtet werden, besonders bei Außenbeleuchtung. Die Wandgestaltung spielt ebenfalls eine wichtige Rolle im Beleuchtungskonzept. Helle Wandfarben reflektieren das Licht und lassen den Raum größer und luftiger erscheinen [s66]. Eine spielerische Wandverkleidung kann zusätzlich als Lichtreflektor dienen und interessante Lichteffekte erzeugen [s65].

Für funktionale Bereiche wie Arbeitsplätze oder Leseecken empfehlen sich flexible Spot-Leuchten, die gezielt ausgerichtet werden können. Diese lassen sich optimal mit der vorhandenen Möblierung kombinieren und ermöglichen eine bedarfsgerechte Beleuchtung. Ein praktischer Ansatz ist die Installation von schwenkbaren LED-Spots, die bei Bedarf neu ausgerichtet werden können. Die Kombination verschiedener Lichtquellen ermöglicht es, je nach Tageszeit und Aktivität die passende Beleuchtung zu wählen. Während tagsüber das natürliche Licht dominiert, sorgen am Abend die künstlichen Lichtquellen für eine magische Atmosphäre [s67]. Bei der Installation sollte auf eine intuitive Bedienung geachtet werden, beispielsweise durch zentral platzierte Lichtschalter oder eine Fernsteuerung. Energieeffizienz spielt bei der Beleuchtungsplanung eine wichtige Rolle. Die Verwendung von LED-Technologie reduziert nicht nur den Energieverbrauch, sondern minimiert auch die Wartungsintervalle. Bei der Auswahl der Leuchtmittel sollte auf eine lange Lebensdauer und geringe Wärmeentwicklung geachtet werden.

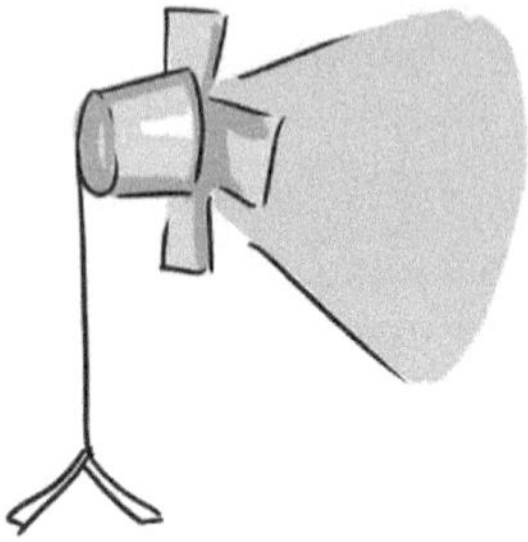

Spot-Leuchten [i15]

Ein oft übersehener Aspekt ist die Integration von Notbeleuchtung. Batteriebetriebene LED-Leuchten mit Bewegungssensoren bieten hier eine praktische Lösung und erhöhen gleichzeitig die Sicherheit. Diese können dezent in Durchgangsbereichen oder nahe der Eingänge platziert werden.

Notbeleuchtung [i16]

Zusammenfassung - 3. 2. Inneneinrichtung

- Ein Grundriss von 2,4 x 2,4 Metern hat sich als praktikable Grundfläche für Baumhäuser bewährt
- Flure sollten mindestens 1,2 Meter breit sein, optimal sind 1,5 bis 1,8 Meter
- Pro schlafende Person ist eine Mindestfläche von 1,8 x 0,9 Metern einzuplanen
- Ein Arbeitsbereich benötigt etwa 2,8 Quadratmeter mit 1,8 Meter breiter Schreibtischfläche
- Für einen separaten Lesebereich als Loft eignet sich ein Raum von 2,1 x 3 Metern
- Eine dreieckige Grundform ermöglicht bei Familienbaumhäusern optimale Raumnutzung und Übersicht
- Der Essbereich sollte etwa 16 Quadratmeter umfassen
- Dachfenster und gewellte transparente Kunststoffdächer maximieren den natürlichen Lichteinfall
- Die Kombination von batteriebetriebenen LED-Leuchten als Grundbeleuchtung mit dekorativen Lichterketten schafft verschiedene Beleuchtungsebenen
- Helle Wandfarben fungieren als natürliche Lichtreflektoren und vergrößern optisch den Raum
- Bewegungssensor-gesteuerte LED-Leuchten eignen sich als Notbeleuchtung in Durchgangsbereichen

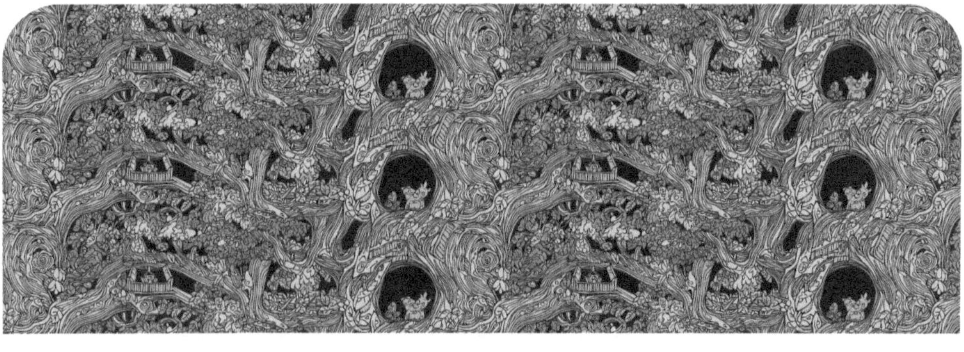

3. 3. Sicherheitsaspekte

Wie gewährleistet man die Sicherheit in einem Refugium, das sich mehrere Meter über dem Boden befindet? Welche baulichen Maßnahmen sind erforderlich, um ein Baumhaus sowohl für Kinder als auch Erwachsene zu einem geschützten Rückzugsort zu machen? Die Sicherheit eines Baumhauses basiert auf durchdachter Planung und sorgfältiger Umsetzung verschiedener Schutzmaßnahmen. Von der korrekten Höhe der Geländer bis hin zur Installation von Brandschutzeinrichtungen gilt es, zahlreiche Aspekte zu berücksichtigen. Die folgenden Ausführungen zeigen detailliert auf, welche Sicherheitsvorkehrungen für ein Baumhaus unerlässlich sind und wie sie fachgerecht umgesetzt werden.

„Bei einer Fallhöhe von mehr als 76 Zentimetern müssen zwingend Schutzvorrichtungen installiert werden.“

3. 3. 1. Geländer und Absturzsicherungen

Geländer und Absturzsicherungen sind essenzielle Sicherheitselemente beim Baumhausbau, die nicht vernachlässigt werden dürfen. Die grundlegende Regel besagt, dass bei einer Fallhöhe von mehr als 76 Zentimetern zwingend Schutzvorrichtungen installiert werden müssen [s70]. Für Familien mit kleinen Kindern ist es jedoch ratsam, bereits ab einer Höhe von 30 Zentimetern Absturzsicherungen einzubauen - eine Vorsichtsmaßnahme, die sich in der Praxis bewährt hat. Die Mindesthöhe eines Schutzgeländers muss 91 Zentimeter betragen, wobei für gewerblich genutzte Baumhäuser sogar 107 Zentimeter vorgeschrieben sind [s70]. Bei der praktischen Umsetzung empfiehlt es sich, das Geländer gleich etwas höher zu bauen, da sich durch Witterungseinflüsse und natürliche Setzungen die Höhe über die Jahre geringfügig reduzieren kann. Ein bewährter Ansatz ist es, die Geländerhöhe bei 95 Zentimetern anzusetzen.
Besonders wichtig ist die korrekte Ausführung der Baluster - der vertikalen Stützen des Geländers. Der Abstand zwischen diesen darf maximal 10,2 Zentimeter betragen [s71]. Diese Vorgabe hat einen wichtigen praktischen Hintergrund: Sie verhindert, dass Kinder ihren Kopf zwischen den Stäben durchstecken und sich möglicherweise einklemmen können. Bei der Installation sollte man den Abstand zwischen den Balustern lieber etwas enger wählen, etwa 9,5 Zentimeter, um auch hier eventuelle Materialverformungen zu berücksichtigen. Ein häufiger Fehler beim Bau von Baumhausgeländern ist die Verwendung von horizontalen Balustern oder Seilen [s71]. Diese laden Kinder regelrecht zum Klettern ein und erhöhen damit das Unfallrisiko erheblich. Stattdessen sollte man ausschließlich vertikale Baluster verwenden, die fest im oberen und unteren Holm verankert sind. Als Material haben sich wetterbeständige Holzarten wie Lärche oder druckimprägnierte Hölzer bewährt. Die Stabilität des Geländers muss regelmäßig überprüft werden. Dabei sollte besonders auf lose oder verrottete Bretter, hervorstehende Nägel und gesplitterte Bereiche geachtet

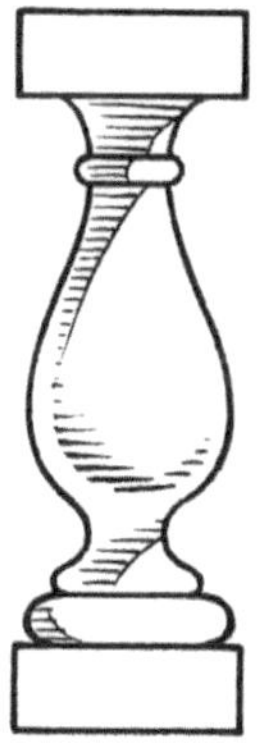

Baluster [i17]

werden [s71]. Eine praktische Methode zur Überprüfung ist der "Rütteltest": Dabei wird das Geländer mit angemessener Kraft in verschiedene Richtungen bewegt. Wackelt es dabei oder gibt ungewöhnliche Geräusche von sich, muss es umgehend repariert oder erneuert werden. Bei Treppen oder Leitern zum Baumhaus gelten besondere Anforderungen. Holzleitern sind dabei Seilleitern vorzuziehen, da letztere ein Strangulationsrisiko darstellen können [s71]. Eine sichere Alternative sind fest installierte Treppen mit einem durchgehenden Handlauf. Bei der Installation sollte man darauf achten, dass im Bereich des Treppenaufgangs ein besonders stabiles Geländer montiert wird, da hier oft mehr Kraft auf die Konstruktion einwirkt. Ein oft übersehener Aspekt ist die Gestaltung der Übergänge zwischen verschiedenen Plattformebenen. Hier dürfen in den dreieckigen Öffnungsbereichen, die durch Stufen und Geländer entstehen, maximal 15 Zentimeter Abstand bleiben [s70]. In der Praxis hat sich bewährt, diese Bereiche zusätzlich mit kleinen Holzplatten zu verschließen, um jegliches Durchrutschrisiko zu minimieren. Die regelmäßige Wartung und Pflege der Geländer ist unerlässlich für die dauerhafte Sicherheit. Es empfiehlt sich, mindestens zweimal jährlich - idealerweise im Frühjahr und Herbst - eine gründliche Inspektion durchzuführen. Dabei sollten alle Verschraubungen nachgezogen, die Holzqualität geprüft und eventuelle Risse oder Verfärbungen dokumentiert werden. Besonders nach extremen Wetterereignissen wie Stürmen oder starkem Schneefall ist eine zusätzliche Kontrolle ratsam.

Glossar

Baluster

Vertikale oder horizontale Stäbe eines Geländers, die zwischen dem oberen und unteren Handlauf angebracht werden und als tragende Elemente der Absturzsicherung dienen.

3. 3. 2. Brandschutz

Der Brandschutz spielt beim Baumhausbau eine zentrale Rolle für die Sicherheit aller Nutzer. Eine der wichtigsten Maßnahmen ist die Installation von Rauchmeldern [s72]. Diese sollten in jedem geschlossenen Raum des Baumhauses montiert werden, idealerweise an der Decke im Zentrum des Raums. Bei der praktischen Umsetzung ist darauf zu achten, dass die Melder mindestens 50 Zentimeter von Wänden und Einrichtungsgegenständen entfernt platziert werden, um eine optimale Raucherkennung zu gewährleisten. Die Planung und Gestaltung von Fluchtwegen ist ein weiterer essentieller Aspekt des Brandschutzes [s72]. Jeder Raum im Baumhaus muss über mindestens zwei unabhängige Fluchtmöglichkeiten verfügen. In der Praxis hat sich bewährt, neben dem Hauptzugang eine zusätzliche Notleiter oder Rutsche zu installieren. Diese sollte möglichst weit vom Hauptzugang entfernt sein, um auch bei einer Brandsituation im Eingangsbereich eine sichere Fluchtmöglichkeit zu bieten. Die Fluchtwege müssen stets frei von Hindernissen gehalten werden - eine Regel, die besonders bei der Nutzung durch Kinder regelmäßig überprüft werden sollte. Bei der Materialwahl für das Baumhaus spielen Brandschutzaspekte eine wichtige Rolle. Obwohl Holz als Hauptbaustoff unverzichtbar ist, können durch die richtige Behandlung und Kombination mit anderen Materialien die Brandrisiken deutlich reduziert werden. Eine bewährte Methode ist die Verwendung von feuerhemmenden Holzschutzmitteln, die regelmäßig neu aufgetragen werden müssen. Bei der praktischen Anwendung sollte man besonders auf die vollständige Behandlung von Verbindungsstellen und Kanten achten. Wenn Fenster im Baumhaus vorgesehen sind, ist die Verwendung von Sicherheitsverglasung unerlässlich [s72]. Diese verhindert im Brandfall die Bildung scharfer Glassplitter und kann wertvolle Zeit für die Evakuierung verschaffen. Bei der Installation sollte darauf geachtet werden, dass mindestens eines der Fenster als Notausstieg geeignet ist und sich leicht öffnen lässt. Die elektrische Installation im Baumhaus erfordert besondere Aufmerksamkeit unter Brandschutzaspekten. Alle Kabel müssen in speziellen Kabelkanälen verlegt werden, die vor Witterung und mechanischer Beschädigung schützen. Eine praktische Lösung ist die Installation eines zentralen Sicherungskastens mit FI-Schutzschalter am Zugang des Baumhauses, der im Notfall eine schnelle Stromabschaltung ermöglicht. Regelmäßige Wartung und Kontrolle sind für den Brandschutz unerlässlich. Ein strukturierter Wartungsplan sollte mindestens vierteljährliche Überprüfungen der Rauchmelder, halbjährliche Kontrollen der Fluchtwege und jährliche Inspektionen der elektrischen Installationen vorsehen. Bei der praktischen Durchführung empfiehlt sich die Verwendung einer Checkliste, in der alle Kontrollpunkte und durchgeführten Wartungsarbeiten dokumentiert werden. Ein oft unterschätzter Aspekt ist die Brandschutzerziehung der Baumhausnutzer. Besonders bei Kindern ist es wichtig, klare Verhaltensregeln aufzustellen und diese regelmäßig zu üben. Dazu gehört das Verbot offener Flammen im und um das Baumhaus sowie regelmäßige Evakuierungsübungen. Eine praktische Methode ist das Erstellen eines einfachen Fluchtplans, der gut sichtbar im Baumhaus aufgehängt wird und auch für Kinder verständlich ist. Die Lagerung brennbarer Materialien im Baumhaus sollte grundsätzlich vermieden werden. Falls dennoch Materialien wie Farben oder Reinigungsmittel gelagert werden müssen, sind diese in speziellen, feuerfesten Behältern aufzubewahren. Eine bewährte Praxis ist es, solche Materialien grundsätzlich nur während der Durchführung von Arbeiten im Baumhaus zu haben und sie anschließend wieder zu entfernen.

Glossar

FI-Schutzschalter

Ein elektrisches Schutzgerät, das den Stromkreis bei gefährlichen Fehlerströmen sofort unterbricht und so vor Stromschlägen und elektrisch verursachten Bränden schützt

Zusammenfassung - 3. 3. Sicherheitsaspekte

- Geländer müssen ab 76 cm Fallhöhe installiert werden, bei Kindern bereits ab 30 cm
- Die Mindesthöhe für Schutzgeländer beträgt 91 cm, bei gewerblicher Nutzung 107 cm
- Der maximale Abstand zwischen Balustern darf 10,2 cm nicht überschreiten
- Horizontale Baluster und Seile sind als Absturzsicherung ungeeignet und gefährlich
- In Übergangsbereich zwischen Plattformebenen dürfen maximal 15 cm Öffnung bleiben
- Rauchmelder müssen mindestens 50 cm von Wänden und Einrichtung entfernt montiert werden
- Jeder Baumhausraum benötigt zwei unabhängige Fluchtmöglichkeiten
- Sicherheitsverglasung ist für Baumhausfenster vorgeschrieben
- Elektrische Installationen erfordern spezielle Kabelkanäle und einen zentralen FI-Schutzschalter
- Wartungsintervalle: Rauchmelder vierteljährlich, Fluchtwege halbjährlich, Elektrik jährlich prüfen

Rückblick - 3. Gestaltung und Einrichtung

- Die naturnahe Integration eines Baumhauses erfordert eine sorgfältige Analyse der Vegetation und strategische Positionierung für optimale Ausblicke.
- Innovative Befestigungssysteme wie schwimmende Halterungen ermöglichen dem Baum natürliches Wachstum.
- Eine dreieckige Grundform von 2,4 x 2,4 Metern hat sich als ideale Basis bewährt.
- Flure sollten mindestens 1,2 Meter, optimal 1,5 bis 1,8 Meter breit sein.
- Große Fenster in verschiedenen Höhen und an unterschiedlichen Wänden optimieren den Tageslichteinfall.
- Ein Schichtenkonzept aus batteriebetriebenen LED-Leuchten und dekorativen Lichterketten schafft atmosphärische Beleuchtung.
- Ab einer Fallhöhe von 76 Zentimetern sind Schutzgeländer zwingend erforderlich, deren Baluster maximal 10,2 Zentimeter Abstand haben dürfen.
- Die Mindesthöhe eines Schutzgeländers beträgt 91 Zentimeter, bei gewerblicher Nutzung 107 Zentimeter.
- Horizontale Baluster oder Seile sind zu vermeiden, da sie zum Klettern verleiten.
- Rauchmelder müssen mindestens 50 Zentimeter von Wänden und Einrichtungsgegenständen entfernt montiert werden.
- Jeder Raum benötigt zwei unabhängige Fluchtmöglichkeiten.
- Die Installation eines zentralen Sicherungskastens mit FI-Schutzschalter ermöglicht schnelle Stromabschaltung im Notfall.
- Während diese Sicherheitsaspekte die Grundlage für ein sicheres Baumhaus bilden, wartet nun das spannende Kapitel darüber, wie man ein magisches Refugium speziell für die Bedürfnisse und Fantasien von Kindern erschafft.

4. Baumhaus für Kinder

Ein Baumhaus für Kinder zu bauen bedeutet weit mehr als das bloße Errichten einer erhöhten Plattform. Wie können wir einen Ort schaffen, der gleichzeitig sicher ist und dennoch genügend Raum für Abenteuer und Entdeckungen bietet? Welche Gestaltungselemente fördern die kindliche Entwicklung, ohne dabei die praktischen Aspekte der Konstruktion aus den Augen zu verlieren? Die Herausforderung liegt in der Balance zwischen kindgerechter Gestaltung und technischer Umsetzbarkeit. Von der Wahl der richtigen Materialien über die Integration kreativer Spielelemente bis hin zur durchdachten Zugangssicherung – jedes Detail erfordert sorgfältige Planung. Ein Kinderbaumhaus ist mehr als die Summe seiner Bauteile: Es ist ein Ort des Lernens, der Bewegung und der Fantasie. Die folgenden Kapitel zeigen, wie sich diese Vision Schritt für Schritt in die Realität umsetzen lässt.

4. 1. Kindgerechte Planung

Wie plant man ein Baumhaus, das nicht nur sicher ist, sondern auch die Fantasie und Entwicklung von Kindern optimal fördert? Welche Aspekte müssen bei der Gestaltung berücksichtigt werden, damit das Baumhaus sowohl für Dreijährige als auch für ältere Kinder ein faszinierender Rückzugsort bleibt? Die kindgerechte Planung eines Baumhauses erfordert durchdachte Konzepte, die Sicherheit und Spielwert gleichermaßen berücksichtigen. Von der optimalen Höhe über kreative Spielelemente bis hin zur altersgerechten Zugangslösung - jedes Detail beeinflusst, wie intensiv und nachhaltig Kinder ihr Baumhaus nutzen werden. Eine sorgfältige Planung unter Einbeziehung der späteren Nutzer legt den Grundstein für ein Baumhaus, das über Jahre hinweg Abenteuer und Geborgenheit vereint.

„Die aktive Einbindung der Kinder bereits in der Planungsphase ist von großer Bedeutung für ein gelungenes Baumhaus.“

4. 1. 1. Altersgerechte Gestaltung

Die altersgerechte Gestaltung eines Baumhauses ist ein zentraler Aspekt für dessen sichere und langfristige Nutzung. Dabei müssen verschiedene Altersgruppen und deren spezifische Bedürfnisse berücksichtigt werden [s73]. Ein durchdachtes Konzept beginnt bereits in der Planungsphase, wo die aktive Einbindung der künftigen Nutzer - der Kinder - von großer Bedeutung ist [s74]. Für jüngere Kinder sind besondere Sicherheitsvorkehrungen zu treffen. Die Fallhöhe sollte maximal 2 Meter betragen, es sei denn, entsprechende Schutzvorrichtungen sind vorhanden [s75]. In der Praxis hat sich bewährt, verschiedene Ebenen und Plattformen zu integrieren, sodass kleinere Kinder sich zunächst in niedrigeren Höhen aufhalten können, während ältere Kinder höher gelegene Bereiche erkunden dürfen. Ein konkretes Beispiel hierfür wäre eine gestaffelte Konstruktion mit einer ersten Plattform auf 1,20 Meter Höhe für Kleinkinder und einer zweiten Ebene auf 2 Meter für ältere Kinder. Der Zugang zum Baumhaus verdient besondere Aufmerksamkeit. Während Seilleitern zwar abenteuerlich erscheinen, bergen sie Strangulationsrisiken und sind für kleinere Kinder schwerer zu bewältigen [s75]. Eine praktische Alternative sind fest montierte Holzleitern oder in den Baum geschraubte Trittbretter [s76]. Diese sollten in kindgerechten Abständen von etwa 25-30 cm angebracht werden, damit auch kürzere Beine sie sicher erklimmen können. Die Geländer müssen mindestens 91 cm hoch sein und vertikale Baluster aufweisen, die nicht weiter als 10,2 cm voneinander entfernt sind [s75]. Bei der praktischen Umsetzung empfiehlt es sich, die Baluster etwas enger zu setzen, etwa 9 cm, um auch bei eventueller Materialausdehnung die Sicherheitsanforderungen zu erfüllen. Ein wichtiges Element der altersgerechten Gestaltung ist die Integration verschiedener Spielmöglichkeiten [s77]. Während jüngere Kinder möglicherweise mehr von einer kleinen, überschaubaren Spielfläche profitieren, schätzen ältere Kinder zusätzliche Herausforderungen. Dies kann durch die Installation verschiedener Spielelemente wie einer kleinen Kletterwand, einer sicheren Rutsche oder einem Fernrohr erreicht werden. Die Materialauswahl spielt ebenfalls eine wichtige Rolle. Hochwertige, splitterfreie Hölzer und wasserfeste Materialien gewährleisten nicht nur die Langlebigkeit der Konstruktion, sondern auch die Sicherheit der Kinder [s74]. In der Praxis hat sich behandeltes Lärchenholz bewährt, da es naturbelassen und dennoch witterungsbeständig ist. Ein oft übersehener Aspekt ist die Gestaltung der

Falltür. Diese sollte mit einem kindgerechten Sicherheitsgriff ausgestattet sein [s76], der groß genug ist, um von Kinderhänden gut gegriffen zu werden, aber gleichzeitig so konzipiert ist, dass er sich nicht versehentlich schließen kann. Eine praktische Lösung ist hier ein federbelasteter Mechanismus, der die Tür in geöffneter Position hält. Der Fallschutzbereich um das Baumhaus muss frei von Gefahrenquellen wie spitzen Stümpfen oder scharfen Steinen sein [s75]. Eine praktische Lösung ist das Auslegen des Bereichs mit speziellen Fallschutzmatten oder natürlichen Materialien wie Rindenmulch in einer Tiefe von mindestens 30 cm. Um die Konstruktion optimal an die Bedürfnisse der Kinder anzupassen, empfiehlt sich die Anfertigung eines Modells aus Pappe [s76]. Dies ermöglicht es, potenzielle Probleme frühzeitig zu erkennen und Anpassungen vorzunehmen, bevor mit dem eigentlichen Bau begonnen wird. Die regelmäßige Überprüfung der Stabilität und Sicherheit aller Komponenten ist unerlässlich [s75]. Hierzu sollte ein Wartungsplan erstellt werden, der monatliche Sichtprüfungen und vierteljährliche gründliche Inspektionen vorsieht, bei denen alle Verbindungen, Geländer und Zugangsmöglichkeiten auf ihre Stabilität hin überprüft werden.

4. 1. 2. Kreative Elemente

Die Integration kreativer Elemente in ein Baumhaus verwandelt es von einer einfachen Spielplattform in eine magische Entdeckungswelt für Kinder. Durch die geschickte Kombination verschiedener gestalterischer Komponenten entstehen vielfältige Lern- und Spielmöglichkeiten, die die kindliche Entwicklung ganzheitlich fördern [s78]. Eine besonders effektive Methode ist die Integration naturwissenschaftlicher Elemente. So können beispielsweise an den Außenwänden des Baumhauses Schautafeln mit Abbildungen heimischer Vögel oder Insekten angebracht werden. Ein fest installiertes Mikroskop oder eine Wetterstation laden zu spannenden Naturbeobachtungen ein [s79]. In der Praxis hat sich bewährt, eine "Forscherecke" einzurichten, wo Kinder ihre gesammelten Naturschätze untersuchen und dokumentieren können. Die Verbindung zur Natur lässt sich durch geschickte Bepflanzung intensivieren. Kletterpflanzen wie ungiftige Clematis oder wilder Wein können, sofern sie den Baum nicht schädigen, am Baumhaus emporranken. In sicheren Pflanzgefäßen können Kinder ihre eigenen kleinen Gärten anlegen [s80]. Ein praktischer Tipp ist die Installation eines Regenwasser-Sammelsystems mit kindgerechter Gießkanne, das die kleinen Gärtner zur eigenständigen Pflanzenpflege animiert. Sensorische Erfahrungen spielen eine zentrale Rolle. Ein kleiner Wasserspieltisch, der fest mit der Plattform verbunden ist, bietet taktile Spielmöglichkeiten [s81]. Dabei ist es wichtig, dass dieser Bereich mit einem Sonnensegel überdacht und mit einer ausreichenden Drainage ausgestattet ist. Verschiedene Naturmaterialien wie Rindenmulch, Zapfen oder glatte Steine in verschließbaren Behältern erweitern das haptische Erlebnis. Die Gestaltung kann auch jahreszeitliche Themen aufgreifen. Beispielsweise lässt sich eine "Schmetterlingsstation" einrichten, wo durch geeignete Pflanzenwahl in Blumenkästen Schmetterlinge angelockt werden [s81]. Ein "Insektenhotel" an der Außenwand ermöglicht spannende Naturbeobachtungen aus nächster Nähe. Für fantasievolles Rollenspiel eignet sich die Integration eines "Kapitänsdecks" mit Steuerrad und Fernrohr oder einer "Forschungsstation" mit verschiedenen Messinstrumenten. Ein kleiner Briefkasten am Eingang des Baumhauses kann für einen "Feenpostdienst" genutzt werden, der die Kommunikation zwischen Kindern und ihren imaginären Freunden ermöglicht [s81]. Die Beleuchtung spielt eine wichtige Rolle für die Atmosphäre. Solarbetriebene LED-Lichterketten oder kleine Solarlampen schaffen eine märchenhafte

Stimmung, ohne dabei Stromkabel verlegen zu müssen. Reflektierende Elemente wie Windspiele oder Kristallprismen erzeugen bei Sonnenlicht interessante Lichteffekte. Ein weiteres kreatives Element ist die Integration von Klang. Windspiele aus Naturmaterialien oder eine "Musikwand" mit verschiedenen klingenden Objekten laden zur akustischen Exploration ein. Diese sollten so angebracht sein, dass sie bei Nichtbenutzung leicht deaktiviert werden können. Die Gestaltung von verschiedenen thematischen Bereichen fördert das langsame, vertiefte Spiel [s78]. Eine "Künstlerecke" mit wettergeschützter Maltafel, ein "Geschichtenbereich" mit bequemen Sitzkissen oder eine "Bauecke" mit integrierten Aufbewahrungsmöglichkeiten für Konstruktionsmaterial bieten vielfältige Beschäftigungsmöglichkeiten. Durch die Integration dieser kreativen Elemente entsteht ein multifunktionaler Spielraum, der sowohl das eigenständige Erkunden als auch gemeinsame Familienaktivitäten fördert. Die Gestaltung sollte dabei flexibel genug sein, um den sich wandelnden Interessen der Kinder gerecht zu werden und neue Elemente integrieren zu können.

Zusammenfassung - 4. 1. Kindgerechte Planung

- Die maximale Fallhöhe für jüngere Kinder sollte 2 Meter nicht überschreiten
- Gestaffelte Konstruktionen mit einer ersten Plattform auf 1,20m und einer zweiten auf 2m haben sich bewährt
- Trittbretter sollten in 25-30 cm Abständen montiert werden
- Geländer müssen mindestens 91 cm hoch sein mit vertikalen Balustern im Maximalabstand von 10,2 cm
- Behandeltes Lärchenholz hat sich als witterungsbeständiges und naturbelassenes Material bewährt
- Der Fallschutzbereich benötigt mindestens 30 cm tiefe Rindenmulchschicht
- Monatliche Sichtprüfungen und vierteljährliche Inspektionen sind für die Wartung empfohlen
- Fest installierte Mikroskope und Wetterstationen fördern naturwissenschaftliches Lernen
- Ungiftige Kletterpflanzen wie Clematis können integriert werden, sofern sie den Baum nicht schädigen
- Ein Regenwasser-Sammelsystem mit kindgerechter Gießkanne fördert eigenständige Pflanzenpflege
- Solarlampen und LED-Lichterketten schaffen atmosphärische Beleuchtung ohne Stromverkabelung
- Verschiedene Themenbereiche wie Künstlerecke, Geschichtenbereich und Bauecke ermöglichen vertieftes Spiel

4. 2. Sicherheit im Kinderbaumhaus

Wie lässt sich ein Kinderbaumhaus so gestalten, dass es gleichzeitig sicher und attraktiv für den Nachwuchs ist? Welche baulichen Maßnahmen sind erforderlich, um das Unfallrisiko zu minimieren, ohne den Spielspaß einzuschränken? Die Sicherheit eines Kinderbaumhauses hängt von vielen Faktoren ab - von der Gestaltung des Zugangs über die Absicherung der Plattform bis hin zur regelmäßigen Wartung aller sicherheitsrelevanten Komponenten. Besonders der Zugangsbereich verdient dabei besondere Aufmerksamkeit, da hier statistisch gesehen die meisten Unfälle passieren. Eine durchdachte Planung und fachgerechte Umsetzung der Sicherheitsmaßnahmen ist daher unerlässlich. Die folgenden Abschnitte zeigen detailliert, welche konkreten Schritte für ein sicheres Kinderbaumhaus notwendig sind und wie sie sich praktisch umsetzen lassen.

> *„Das Geländer auf der Plattform des Baumhauses sollte mindestens 1 Meter hoch sein und keine größeren Zwischenräume aufweisen, durch die Kinder hindurchrutschen könnten.“*

4. 2. 1. Zugangssicherung

Die sichere Gestaltung des Zugangs zu einem Kinderbaumhaus ist einer der wichtigsten Aspekte beim Bau, da hier das größte Unfallrisiko besteht. Eine durchdachte Zugangssicherung ermöglicht es Kindern, das Baumhaus sicher zu nutzen und gleichzeitig den Spielspaß zu maximieren [s82]. Geländer und Handläufe spielen dabei eine zentrale Rolle. An der Aufstiegsleiter sollte unbedingt ein stabiler Handlauf montiert werden, der Kindern beim Auf- und Abstieg sicheren Halt bietet. Die Installation ist verhältnismäßig einfach und kostengünstig: Zwei parallel verlaufende Holzleisten in etwa 65-85 cm Höhe (je nach Alter der Kinder) werden fest mit der Leiter verschraubt. Dabei sollte man auf splitterfreies, wetterbeständiges Holz achten und die Schraubköpfe versenken [s82]. Besonders wichtig ist ein durchgehendes Geländer auf der Plattform des Baumhauses. Dieses sollte mindestens 1 Meter hoch sein und keine größeren Zwischenräume aufweisen, durch die Kinder hindurchrutschen könnten. Eine praktische Lösung ist hier die Installation eines abschließbaren Tores im Geländer am Einstiegspunkt. So kann verhindert werden, dass Kinder unbeaufsichtigt das Baumhaus betreten [s83]. Bei der Integration einer Rutsche als zusätzlichen Ausstieg müssen besondere Sicherheitsaspekte beachtet werden. Die Rutsche sollte in einem sicheren Abstand zu Bäumen, Zäunen oder anderen Hindernissen positioniert werden. Der Auslaufbereich muss frei von Steinen, Wurzeln oder anderen gefährlichen Objekten sein. Eine praktische Lösung ist das Auslegen des Landebereichs mit stoßdämpfendem Material wie Rindenmulch oder speziellen Fallschutzmatten [s83].

Wenn das Baumhaus durch eine Seilbrücke zugänglich gemacht werden soll, sind besondere Sicherheitsvorkehrungen erforderlich. Die einfachste und sicherste Variante besteht aus einem stabilen Holzdeck zwischen zwei Handseilen. Diese Konstruktion bietet mehr Stabilität als eine reine Seilbrücke und ist auch für kleinere Kinder geeignet. Die Befestigungspunkte der Seile müssen besonders sorgfältig gewählt werden - sie sollten an tragfähigen Ästen oder stabilen Pfosten verankert werden. Ein zusätzliches

Seilbrücke [i18]

Sicherheitstor am Brückenzugang verhindert, dass kleine Kinder die Brücke unbeaufsichtigt benutzen [s84]. Die Dimensionierung der Zugänge spielt ebenfalls eine wichtige Rolle. Während beispielsweise bei Tierhäusern eine Öffnung von etwa 7,6 cm (3 Zoll) ausreicht [s85], müssen Zugänge zu Kinderbaumhäusern deutlich größer sein. Eine Mindestbreite von 60 cm für Leitern und Durchgänge hat sich bewährt, damit auch größere Kinder problemlos ein- und aussteigen können. Lokale Bauvorschriften müssen bei der Planung der Zugangssicherung unbedingt berücksichtigt werden. Viele Gemeinden haben spezifische Anforderungen an die Höhe von Geländern, die Abstände zwischen Sprossen oder die Art der verwendeten Materialien [s83]. Eine Nachfrage beim örtlichen Bauamt kann spätere Probleme vermeiden. Ein oft übersehener Aspekt ist die wetterbedingte Zugangssicherung. Holzleitern und -brücken können bei Nässe rutschig werden. Das Anbringen von rutschhemmenden Streifen oder das Einkerben von Trittstufen erhöht die Sicherheit erheblich. Auch sollte man regelmäßig prüfen, ob sich Moose oder Algen auf den Zugangswegen gebildet haben und diese gegebenenfalls entfernen. Die Zugangssicherung sollte regelmäßig überprüft und gewartet werden. Dabei sind besonders die Befestigungspunkte von Leitern, Geländern und Seilen zu kontrollieren. Lose Schrauben müssen nachgezogen, verschlissene Seile ersetzt und morsche Holzteile ausgetauscht werden. Eine monatliche Sichtprüfung und eine gründliche Wartung zweimal im Jahr haben sich als praktikabel erwiesen.

Zusammenfassung - 4. 2. Sicherheit im Kinderbaumhaus

- Die Mindesthöhe für Geländer an Kinderbaumhäusern beträgt 1 Meter
- Handläufe an Aufstiegsleitern sollten in 65-85 cm Höhe montiert werden, abhängig vom Alter der Kinder
- Ein abschließbares Tor im Geländer am Einstiegspunkt verhindert unbeaufsichtigtes Betreten
- Seilbrücken benötigen ein stabiles Holzdeck zwischen zwei Handseilen für maximale Stabilität
- Die Mindestbreite für Leitern und Durchgänge sollte 60 cm betragen
- Rutschhemmende Streifen und eingekerbte Trittstufen erhöhen die Sicherheit bei Nässe
- Monatliche Sichtprüfungen und halbjährliche Wartungen sind für die Zugangssicherung empfohlen
- Der Auslaufbereich von Rutschen muss mit stoßdämpfendem Material wie Rindenmulch oder Fallschutzmatten ausgelegt werden
- Befestigungspunkte für Seilbrücken müssen an tragfähigen Ästen oder stabilen Pfosten verankert werden

4. 3. Spielerische Extras

Wie verwandelt man ein gewöhnliches Baumhaus in einen aufregenden Abenteuerspielplatz? Welche spielerischen Elemente fördern nicht nur den Spaß, sondern auch die motorische Entwicklung der Kinder? Diese Fragen beschäftigen viele Eltern bei der Planung eines Baumhauses. Die Integration durchdachter Spielelemente kann ein Baumhaus von einer einfachen Plattform zu einem vielseitigen Bewegungs- und Erlebnisraum aufwerten. Von klassischen Komponenten wie Rutschen und Schaukeln bis hin zu geheimnisvollen Verstecken gibt es zahlreiche Möglichkeiten, das Baumhaus kindgerecht zu gestalten. Dabei gilt es, sowohl die Sicherheitsaspekte als auch die praktische Umsetzbarkeit zu berücksichtigen. Die folgenden Abschnitte zeigen konkrete Lösungen für die sichere Installation verschiedener Spielelemente und geben praktische Hinweise zur material- und altersgerechten Gestaltung dieser zusätzlichen Attraktionen.

„Zwischen Schaukel und Rutsche sollte mindestens 2 Meter Abstand eingehalten werden, um Zusammenstöße zu vermeiden.“

4. 3. 1. Rutsche und Schaukel

Rutschen und Schaukeln verwandeln ein einfaches Baumhaus in ein spannendes Spielparadies und bieten Kindern vielfältige Bewegungsmöglichkeiten [s86]. Bei der Planung dieser beliebten Extras sollten jedoch einige wichtige Aspekte berücksichtigt werden, um maximalen Spielspaß bei optimaler Sicherheit zu gewährleisten. Für die Rutscheninstallation ist zunächst eine sorgfältige Standortanalyse erforderlich. Dabei muss ausreichend Freiraum um die Rutsche eingeplant werden, um gefährliche Kollisionen mit Zäunen oder anderen Hindernissen zu vermeiden [s87]. Ein praktischer Tipp ist es, die geplante Rutschenbahn mit Seilen oder Schnüren zu markieren und die Fallzone großzügig mit mindestens 2 Metern Abstand zu allen Seiten abzustecken. Die Rutsche sollte zudem so positioniert werden, dass sie nicht direkt in Richtung Sonne zeigt, da sich das Material im Sommer stark aufheizen kann. Bei der Materialwahl hat sich wetterbeständiges Zedernholz für die Unterkonstruktion bewährt, da es von Natur aus gegen Fäulnis und Insektenbefall resistent ist [s88]. Für die Rutsche selbst kommen meist hochwertige Kunststoffe zum Einsatz, die UV-beständig und besonders robust sind [s86]. Um die Rutsche sicher mit dem Baumhaus zu verbinden, sollten unbedingt spezielle Kompressionsklemmen und stabile Halterungen verwendet werden [s88].

Stahlstützen [i19]

Die Integration einer Schaukel erfordert besondere Aufmerksamkeit bei der statischen Planung. Die Schaukelaufhängung muss enormen dynamischen Kräften standhalten können. Daher sind stabile Stahlstützen und extra verstärkte Schaukelaufhänger unverzichtbar [s88]. Ein praktischer Ratschlag ist die Verwendung von speziellen Sicherheitsgriffketten, die das Einklemmen von Fingern verhindern. Die Kettenlänge sollte so gewählt werden, dass die Schaukelhöhe für verschiedene Altersgruppen geeignet ist - als Faustregel gilt hier ein Abstand von etwa 35 cm zwischen Schaukelsitz und Boden in der Ruheposition. Für zusätzliche Sicherheit sorgen rutschfeste Leiterstufen und ergonomisch geformte Handläufe beim Aufstieg [s88]. Bei der Installation mehrerer

Spielelemente ist auf ausreichende Abstände zu achten. So sollte beispielsweise zwischen Schaukel und Rutsche mindestens 2 Meter Abstand eingehalten werden, um Zusammenstöße zu vermeiden. Die Kombination verschiedener Spielelemente ermöglicht es, das Baumhaus individuell an die Bedürfnisse und den zur Verfügung stehenden Platz anzupassen [s88]. Dabei können klassische Elemente wie eine Wellenrutsche mit innovativen Komponenten wie einer Sprossenleiter oder einem Kletternetz kombiniert werden [s89]. Regelmäßige Wartung und Kontrollen sind essentiell für die dauerhafte Sicherheit. Dabei sollten alle beweglichen Teile auf Verschleiß geprüft und bei Bedarf nachgezogen oder ersetzt werden. Besonders nach der Winterperiode ist eine gründliche Inspektion aller Verbindungselemente und der Holzteile auf eventuelle Feuchtigkeitsschäden wichtig. Vor der endgültigen Installation ist es ratsam, sich über lokale Bauvorschriften und eventuelle Genehmigungspflichten zu informieren [s87]. Auch sollte die Versicherungssituation geklärt werden, da manche Hausratversicherungen Spielgeräte im Garten nur unter bestimmten Voraussetzungen einschließen. Mit der richtigen Planung und sorgfältigen Umsetzung entstehen so sichere und langlebige Spielmöglichkeiten, die Kindern über viele Jahre Freude bereiten und ihre motorische Entwicklung fördern [s86].

4. 3. 2. Geheimverstecke

Geheimverstecke sind magische Elemente, die ein Baumhaus von einer einfachen Spielplattform in eine geheimnisvolle Schatzkammer verwandeln. Die Integration durchdachter Verstecke regt die kindliche Fantasie an und schafft besondere Spielerlebnisse [s90]. Bei der Planung von Geheimverstecken sollte man verschiedene Ebenen und Dimensionen des Baumhauses nutzen. Besonders clever ist es, scheinbar gewöhnliche Konstruktionselemente mit versteckten Funktionen auszustatten. So können beispielsweise in den Wänden getarnte Schiebepaneele eingebaut werden, hinter denen sich kleine Nischen zum Verstauen von Schätzen verbergen. Die Mechanismen sollten dabei kindgerecht und sicher gestaltet sein - etwa durch sanft gleitende Schienen und abgerundete Kanten. Eine besonders raffinierte Möglichkeit ist die Integration von "falschen" Bodenbrettern. Diese können wie normale Dielen aussehen, lassen sich aber anheben und bieten darunter Stauraum. Für die Umsetzung eignen sich spezielle Scharniere mit Soft-Close-Funktion, die ein Einklemmen der Finger verhindern. Der Hohlraum sollte mit einer wasserdichten Auskleidung versehen werden, um Feuchtigkeit fernzuhalten. Kreative Versteckmöglichkeiten entstehen auch durch den Einbau von Doppelwänden mit geheimen Durchgängen [s91]. Diese können als schmale Kriechgänge gestaltet werden, die verschiedene Bereiche des Baumhauses miteinander verbinden. Wichtig ist hier eine ausreichende Belüftung und Beleuchtung, etwa durch dezent eingearbeitete LED-Streifen mit Bewegungssensoren. In die Dachkonstruktion lassen sich ebenfalls geschickt getarnte Stauräume integrieren. Unter schrägen Dachflächen können beispielsweise Klappen eingebaut werden, die sich nach oben öffnen lassen. Die Verschlussmechanismen sollten dabei so konzipiert sein, dass sie von Kindern leicht bedient werden können, aber trotzdem zuverlässig schließen. Besonders spannend wird es, wenn verschiedene Verstecke durch ein Rätselsystem miteinander verbunden werden [s90]. So könnte das Öffnen eines Verstecks einen Hinweis auf den nächsten geheimen Ort freigeben. Dabei können simple aber effektive Mechanismen zum Einsatz kommen - etwa Schnüre, die durch verborgene Öffnungen geführt werden und beim Ziehen andere Klappen öffnen. Für zusätzlichen Spielwert sorgen unerwartete akustische Elemente. Eingebaute Sprachrohre zwischen verschiedenen Verstecken ermöglichen geheime Kommunikation. Diese können aus wetterfesten PVC-Rohren gefertigt werden, die geschickt in der

Konstruktion verborgen werden. Bei der Materialwahl für Geheimverstecke ist besonders auf Witterungsbeständigkeit zu achten. Verschlüsse und Scharniere sollten aus rostfreiem Stahl oder hochwertigem Messing gefertigt sein. Für Klappen und Türen eignet sich wasserfestes Multiplex-Sperrholz, das zusätzlich mit einem UV-beständigen Lack geschützt wird. Die Integration von Geheimverstecken erfordert eine sorgfältige Planung der gesamten Baumhauskonstruktion. Versteckte Hohlräume dürfen die Stabilität nicht beeinträchtigen. Es empfiehlt sich, die Positionen der Verstecke bereits in der Planungsphase festzulegen und die Tragstruktur entsprechend anzupassen. Regelmäßige Wartung ist auch bei Geheimverstecken wichtig. Besonders die beweglichen Teile wie Scharniere und Verschlüsse sollten regelmäßig auf Funktionsfähigkeit geprüft und bei Bedarf nachgestellt oder erneuert werden. Auch sollte kontrolliert werden, ob sich in den versteckten Bereichen Feuchtigkeit sammelt. Die Gestaltung der Verstecke sollte dabei immer altersgerecht erfolgen. Während jüngere Kinder einfache, leicht zugängliche Verstecke bevorzugen, können für ältere Kinder auch komplexere Mechanismen und Rätsel eingebaut werden [s90]. So wächst das Baumhaus mit seinen Bewohnern mit und bleibt lange Zeit spannend und interessant.

Geheimverstecke [i20]

Glossar

LED

Lichtemittierende Diode - ein energiesparendes elektronisches Leuchtmittel, das nur wenig Wärme entwickelt und eine lange Lebensdauer hat

Multiplex-Sperrholz

Eine besonders stabile Holzwerkstoffplatte, die aus mehreren kreuzweise verleimten Furnierlagen besteht und sich durch hohe Formstabilität auszeichnet

Soft-Close

Ein gedämpfter Schließmechanismus, der das sanfte und geräuscharme Schließen von Klappen oder Türen ermöglicht

Zusammenfassung - 4. 3. Spielerische Extras

- Zedernholz bietet natürlichen Schutz gegen Fäulnis und Insektenbefall bei Rutschen-Unterkonstruktionen
- Dynamische Kräfte bei Schaukelaufhängungen erfordern spezielle Stahlstützen und verstärkte Aufhänger
- Der optimale Abstand zwischen Schaukelsitz und Boden in Ruheposition beträgt 35 cm
- Zwischen verschiedenen Spielelementen wie Schaukel und Rutsche sind mindestens 2 Meter Sicherheitsabstand erforderlich
- Soft-Close-Scharniere verhindern das Einklemmen von Fingern bei beweglichen Geheimverstecken
- Doppelwände mit Kriechgängen benötigen spezielle Belüftungssysteme und sensorgesteuerte LED-Beleuchtung
- Wasserfestes Multiplex-Sperrholz mit UV-beständigem Lack eignet sich optimal für Geheimklappen
- Versteckte PVC-Sprachrohre ermöglichen geheime Kommunikation zwischen verschiedenen Bereichen
- Mechanische Rätsel-Systeme können durch verborgene Schnurzüge verschiedene Verstecke miteinander verbinden
- Die Integration von Hohlräumen für Verstecke muss bereits in der statischen Planung berücksichtigt werden

Rückblick - 4. Baumhaus für Kinder

- Die altersgerechte Gestaltung eines Baumhauses erfordert eine maximale Fallhöhe von 2 Metern ohne Schutzvorrichtungen
- Geländer müssen mindestens 91 cm hoch sein mit vertikalen Balustern im Abstand von maximal 10,2 cm
- Fest montierte Holzleitern oder Trittbretter sollten Abstände von 25-30 cm für Kinderbeine haben
- Integration von Forscherecken mit Mikroskop und Wetterstation ermöglicht spannende Naturbeobachtungen
- Kletterpflanzen wie ungiftige Clematis können das Baumhaus natürlich einbinden
- Ein Regenwasser-Sammelsystem mit Gießkanne animiert Kinder zur Pflanzenpflege
- Solarbeleuchtung und reflektierende Elemente schaffen eine märchenhafte Atmosphäre ohne Stromkabel
- Spezielle Kompressionsklemmen und Stahlstützen sind für die sichere Befestigung von Rutschen und Schaukeln nötig
- Die Schaukelhöhe sollte etwa 35 cm Bodenabstand in Ruheposition haben
- Getarnte Schiebepaneele und falsche Bodenbretter eignen sich als kreative Geheimverstecke
- Sprachrohre aus wetterfestem PVC ermöglichen geheime Kommunikation zwischen Verstecken
- Wasserfestes Multiplex-Sperrholz mit UV-beständigem Lack schützt Geheimklappen vor Witterung

Kostenlose Zusatzangebote in Planung

Wir freuen uns, Ihnen künftig ergänzende kostenlose Materialien zu diesem Buch anbieten zu können:

- Ein exklusives Bonuskapitel mit zusätzlichen Inhalten
- Eine kompakte Zusammenfassung des gesamten Buches im PDF-Format

Die Veröffentlichung dieser Materialien ist für Januar 2025 geplant.
Besuchen Sie gerne schon heute unsere Website. Sobald unser Newsletter-Service startet (voraussichtlich Januar 2025), können Sie sich dort für Updates registrieren und verpassen keine Neuigkeiten zu den kostenlosen Zusatzangeboten.

SaageBooks.com/de/baumhaus-bonus-K4NSSG

Liebe Leserinnen, liebe Leser,

Ich fühle mich sehr geehrt, dass Sie sich die Zeit genommen haben, mein Buch von Anfang bis Ende zu lesen. Als Autor ist es mein größter Wunsch, Ihnen wertvolle Erkenntnisse und praktische Hilfestellungen mit auf den Weg zu geben. Ihr Vertrauen in meine Arbeit bedeutet mir sehr viel. Ich hoffe, die Lektüre war für Sie bereichernd. Sollten Sie Fragen oder Anregungen haben, können Sie mich gerne über unsere Website kontaktieren.

Wenn Ihnen dieses Buch gefallen hat, würde ich mich sehr über eine ehrliche Rezension freuen. Ihre Meinung ist mir wichtig und hilft anderen Lesern bei ihrer Entscheidung. Sie können Ihre ehrliche Bewertung ganz einfach auf der Verkaufsplattform hinterlassen, über die Sie das Buch erworben haben.
Vielen Dank für Ihre Unterstützung!

Artemis Saage

Saage Media GmbH

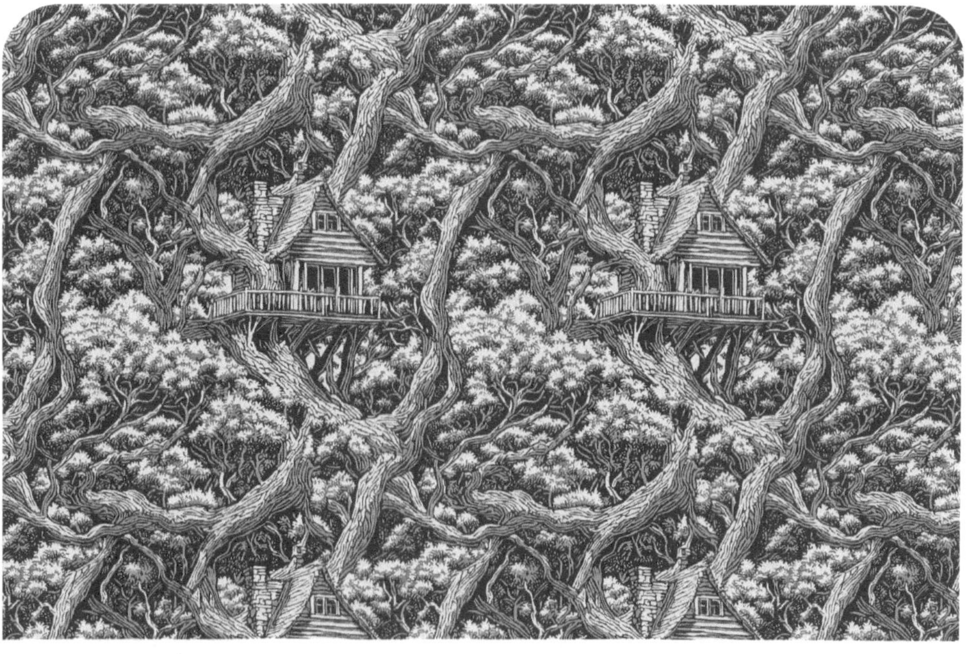

Quellen

Mein aufrichtiger Dank gilt allen Autorinnen und Autoren der zitierten wissenschaftlichen und nicht-wissenschaftlichen Quellen, den Betreibern der referenzierten Internetseiten sowie den Urheberinnen und Urhebern der verwendeten Bilder, Grafiken und Studien, deren wertvolle Arbeiten wesentlich zur Entstehung dieses Buches beigetragen haben.
Für weitere Informationen empfehle ich Ihnen, die verlinkten Quellen-Websites zu besuchen.

Alle Quellen wurden zuletzt aufgerufen am: 2025-01-01

[s1] - https://www.3bamboo.com/the-enchantment-of-tree-houses-how-nature-and-architecture-come-together/
Autor: MCD **Titel:** The Enchantment of Tree Houses: How Nature and Architecture Come Together
von: 3 Bamboo Ecolodge **Erscheinungsdatum:** 17112023
Webseite: 3 Bamboo Ecolodge

[s2] - https://thegardenstrust.blog/2021/07/17/treehouses/
Autor: The Gardens Trust **Titel:** Treehouses of the Renaissance and after…
Erscheinungsdatum: 2021-07-17 **Webseite:** The Gardens Trust

[s3] - https://sukicasanave.com/featured-article-treehouses-take-a-bough-smithsonian-august-1997/
Autor: Suki Casanave **Titel:** Treehouses Take a Bough
Erscheinungsdatum: January 7, 1997 **Webseite:** sukicasanave.com
Publisher: Smithsonian magazine

[s4] - https://www.purposelylost.com/2024/08/12/treehouses-for-adults-the-tiny-homes-of-the-sky/
Titel: Treehouses for AdultsThe Tiny Homes of the Sky **von:** Purposely Lost
Erscheinungsdatum: 2024-08-12 **Webseite:** Purposely Lost

[s5] - https://www.abandonedspaces.com/public/anping-tree-house.html
Autor: June Steele **Titel:** Exploring the Fusion of Nature and History Through the Anping Tree House
von: Abandoned Spaces **Erscheinungsdatum:** March 15, 2024
Webseite: Abandoned Spaces

[s6] - https://treehousedad.com/lahaina-banyan-tree-survive-fires/
Titel: Will Lahaina's Banyan Tree Survive the Fires? **von:** Treehouse Dad
Erscheinungsdatum: August 23, 2023 **Webseite:** treehousedad.com

[s7] - https://isvshome.com/pdf/ISVS_7-1/ISVSej-7.1.2-Kemas-Final.pdf
Autor: Kemas Ridwan Kurniawan, Kevin Aditya Giovanni Suhanto, Dini Puti Angelia **Titel:** From Boluf to Kampung: Spatial Changes in The Korowai Traditional Settlements
von: Universitas Indonesia **Erscheinungsdatum:** January 2020
Webseite: ISVS Home **Publisher:** Journal of the International Society for the Study of Vernacular Settlements

[s8] - https://www.3bamboo.com/the-enchantment-of-tree-houses-how-nature-and-architecture-come-together/
Autor: MCD **Titel:** The Enchantment of Tree Houses: How Nature and Architecture Come Together
von: 3 Bamboo Ecolodge **Erscheinungsdatum:** 17112023
Webseite: 3 Bamboo Ecolodge

[s9] - https://www.castarchitecture.com/icicle-creek-cabin
Titel: Icicle Creek Cabin **von:** CAST Architecture
Webseite: castarchitecture.com

[s10] - https://www.designboom.com/architecture/land-studio-treehouse-m-china-05-01-2017/
Autor: Andong Lu, Pingping Dou **Titel:** lanD studio completes treehouse M with inverted roof in china
von: lanD studio **Erscheinungsdatum:** May 01, 2017
Webseite: designboom

[s11] - https://architecturenow.co.nz/articles/surf-and-canopy-costa-rica-treehouse/
Autor: Tracey Ingram **Titel:** Surf and canopy: Costa Rica Tree House
von: Olson Kundig **Erscheinungsdatum:** 30 Sep 2019
Webseite: Architecture Now **Publisher:** Urbis

[s12] - https://thetreehouseguide.com/treehouseyear.htm
Autor: Patrick Fulton **Titel:** The Treehouse Year
Erscheinungsdatum: 2024 **Webseite:** thetreehouseguide.com

[s13] - https://www.patioenclosures.com/second-story-sunroom-ideas.aspx
Titel: Second Story Sunroom Ideas **von:** Patio Enclosures
Erscheinungsdatum: July 30, 2013 **Webseite:** Patio Enclosures

[s14] - https://www.story.com/story/children-stories/the-secret-treehouse-10
Autor: Mariza **Titel:** The Secret Treehouse
von: Story.com **Erscheinungsdatum:** 2023-10-12
Webseite: Story.com

[s15] - https://medium.com/@sajadmoahd/once-upon-a-time-in-a-small-village-nestled-in-the-hills-there-lived-a-girl-named-lily-e8b724910cb6
Autor: Sajadmoahd **Titel:** Once upon a time, in a small village nestled in the hills, there lived a girl named Lily.
Erscheinungsdatum: Jun 4, 2023 **Webseite:** Medium

[s16] - https://www.goodreads.com/book/show/124671.Well_Done_Secret_Seven
Autor: Enid Blyton **Titel:** Well Done, Secret Seven
Erscheinungsdatum: January 1, 1951 **Webseite:** Goodreads

[s17] - https://creatureconserve.com/exhibit-urban-wildlife-learning-to-coexist
Titel: Urban Wildlife, Learning to Co+Exist **von:** Creature Conserve
Webseite: Creature Conserve

[s18] - https://celebratepicturebooks.com/tag/picture-books-about-forests/
Autor: Kath Carroll **Titel:** Picture Books about Forests
von: Celebrate Picture Books **Erscheinungsdatum:** 2022
Webseite: Celebrate Picture Books **Publisher:** San Diego Zoo Wildlife Alliance Press

[s19] - https://thetreehouseguide.com/faq-trees.htm
Titel: Frequently Asked Questions (FAQ) - Trees **von:** Treehouse Guides
Webseite: thetreehouseguide.com

[s20] - https://homeguide.com/costs/cost-to-build-a-treehouse
Autor: Tara Farmer **Titel:** How much does a treehouse cost to build?
von: HomeGuide **Erscheinungsdatum:** October 6, 2023
Webseite: HomeGuide

[s21] - https://sexytrees.com/whats-the-best-tree-to-build-a-treehouse/
Autor: sexytrees **Titel:** Whats the Best Tree to Build a Treehouse?
von: Sexytrees **Erscheinungsdatum:** 2020-02-20
Webseite: Sexytrees **Publisher:** Sexytrees

[s22] - https://permies.com/t/45176/Standing-trees-building-supports
Autor: Kim Bowen **Titel:** Standing trees as building supports?
von: Permies.com **Webseite:** permies.com

[s23] - https://arborhilltrees.com/blog/how-to-pick-a-tree-for-a-treehouse/
Autor: Arbor Hills Tree Farm **Titel:** How to Pick a Tree For a Treehouse
von: Arbor Hills Tree Farm, LLC **Erscheinungsdatum:** 19 Apr
Webseite: arborhilltrees.com

[s24] - https://advancedtreecare.ca/building-the-perfect-backyard-treehouse/
Titel: Building the Perfect Backyard Treehouse **von:** Advanced Tree Care
Webseite: Advanced Tree Care

[s25] - https://thetreehouseguide.com/choosing.htm
Autor: Patrick Fulton **Titel:** Choosing a Tree for Your Treehouse
Erscheinungsdatum: 2024 **Webseite:** The Treehouse Guide

[s26] - https://www.treepeople.org/wp content/uploads/2021/07/evaluating-the-impacts-of-trees-on-residential-thermal-conditions-in-los-angeles-using-community-science.pdf
Autor: Edith de Guzman, Alan Barreca, Ph.D. **Titel:** Evaluating the Impacts of Trees on Residential Thermal Conditions in Los Angeles Using Community Science
von: TreePeople **Erscheinungsdatum:** 2021
Webseite: www.treepeople.org

[s27] - https://us.1t.org/stories/on-the-ground-risk-assessment-for-international-forest-restoration/
Titel: On-the-Ground Risk Assessment for International Forest Restoration **von:** World Economic Forum
Webseite: 1t.org

[s28] - https://www.fresno.gov/wp-content/uploads/2024/06/Fresno-UFMP-Final.pdf
Titel: Urban Forest Management Plan **von:** City of Fresno
Erscheinungsdatum: February 2024 **Webseite:** fresno.gov

[s29] - https://vinawoodltd.com/blogs/news/types-of-wood
Titel: 27 Different Types Of Wood And Their Uses **von:** Vinawood
Erscheinungsdatum: April 3, 2024 **Webseite:** Vinawood

[s30] - https://www.accoya.com/hardwood-vs-softwood-hardwood-properties-durability-of-timber-in-construction/
Titel: Hardwood vs. Softwood **von:** Accsys Group
Erscheinungsdatum: 05.22.2018 **Webseite:** Accoya

[s31] - https://www.modinex.com.au/hardwood-vs-softwood-pros-cons-best-uses/
Autor: Joel Leitch **Titel:** Hardwood vs Softwood: Pros, Cons Best Uses
von: Modinex **Erscheinungsdatum:** 16 March 2021
Webseite: Modinex

[s32] - https://www.woodworks.org/wp-content/uploads/presentation_slides-LINDSEY-ITW-Wood-Species-and-Grading.pdf
Autor: Bruce Lindsey **Titel:** Introduction to Wood Species and Grading
von: WoodWorks Wood Products Council **Webseite:** woodworks.org

[s33] - https://usvintagewood.com/construction-woods/
Autor: Publisher **Titel:** The Most Common Woods Used For Construction
von: US Vintage Wood **Erscheinungsdatum:** 2024-06-12
Webseite: US Vintage Wood **Publisher:** US Vintage Wood

[s34] - https://www.treetopco.co.uk/design-sensitive-to-nature
Titel: Treehouses **von:** Treetop Co
Webseite: Treetop Co

[s35] - https://thetreehouseguide.com/constructiontutorials/whattypeofsupport.htm
Titel: What Type of Support Will I Need? **von:** Treehouse Guides
Webseite: thetreehouseguide.com

[s36] - https://treehouseguides.com/notreesfreestandingtreehouses.html
Titel: Freestanding Treehouses with Post Supports **von:** Treehouse Guides
Webseite: Treehouse Guides

[s37] - https://www.diychatroom.com/threads/treehouse-problems-help.118363/
Autor: martind74 **Titel:** Treehouse Problems - Help!
Erscheinungsdatum: Oct 1, 2011 **Webseite:** DIY Chatroom

[s38] - https://www.thenewgeneralist.com/building-a-tree-house/
Autor: Heikki Otsolampi **Titel:** Building a tree house with a focus on the well-being of the tree
von: The New Generalist **Erscheinungsdatum:** October 16, 2018
Webseite: The New Generalist

[s39] - https://diy.stackexchange.com/questions/163807/partial-support-of-a-beam
Titel: Partial support of a beam **von:** Stack Exchange
Webseite: DIY Stack Exchange

[s40] - https://najhaus.com/2013/03/05/the-eagle-has-landed-the-trailer-comes-home-to-roost/
Autor: Kate **Titel:** The eagle has landed: the trailer comes home to roost
von: Naj Haus **Erscheinungsdatum:** March 5, 2013
Webseite: Naj Haus

[s41] - https://www.bungalowinabox.com/about.html
Autor: Raoul Hennin, Vicki Hennin **von:** Montsweag Brook Corporation
Webseite: bungalowinabox.com

[s42] - https://thetreehouseguide.com/constructiontutorials/fixturesandfastenings.htm
Titel: Fixtures and Fastenings **von:** Treehouse Guides
Erscheinungsdatum: 2024 **Webseite:** thetreehouseguide.com

[s43] - https://dovetails.wordpress.com/tree-house-page/tree-house-construction/
Titel: Tree House Construction **von:** Dovetails
Webseite: Dovetails

[s44] - https://medium.com/@faithanthonyokoh/i-found-out-lately-that-some-of-us-dont-know-there-s-a-big-difference-between-a-software-developer-7ee8695372fb
Autor: Faith Anthony-okoh **Titel:** I found out lately that some of us don't know ther e's a big difference between a Software Developer and a Software Engineer
Erscheinungsdatum: Nov 18, 2023 **Webseite:** Medium

[s45] - https://www.harvardmagazine.com/2022/12/treehouse-conference-center
Autor: Jonathan Shaw **Titel:** Harvard's "Treehouse" in Allston
von: Harvard Magazine **Erscheinungsdatum:** 2022-12-14
Webseite: Harvard Magazine **Publisher:** Harvard Magazine Inc.

[s46] - https://thetreehouseguide.com/constructionsupports.htm
Autor: Patrick Fulton **Titel:** Constructing the Treehouse Supports
Erscheinungsdatum: 2024 **Webseite:** The Treehouse Guide

[s47] - https://blog.nayararesorts.com/crafting-luxury-the-innovative-architecture-of-nayara-resorts
Autor: Nayara Resorts **Titel:** Crafting Luxury: The Innovative Architecture of Nayara Resorts
Erscheinungsdatum: Jun 23, 2024 **Webseite:** Nayara Resorts Blog

[s48] - https://www.sylvanrock.com/property
Titel: Sylvan Rock **von:** Sylvan Rock LLC
Webseite: sylvanrock.com **Publisher:** S3 Architecture

[s49] - https://www.3bamboo.com/the-enchantment-of-tree-houses-how-nature-and-architecture-come-together/
Autor: MCD **Titel:** The Enchantment of Tree Houses: How Nature and Architecture Come Together
von: 3 Bamboo Ecolodge **Erscheinungsdatum:** 17112023
Webseite: 3 Bamboo Ecolodge

[s50] - https://www.purposelylost.com/2024/08/12/treehouses-for-adults-the-tiny-homes-of-the-sky/
Titel: Treehouses for AdultsThe Tiny Homes of the Sky **von:** Purposely Lost
Erscheinungsdatum: 2024-08-12 **Webseite:** Purposely Lost

[s51] - https://www.arkitectureonweb.com/en/-/projects/under-the-willow-tree
Autor: Staff arkitectureonweb **Titel:** An eco-friendly renovation of the Under the Willow Tree house
von: arkitectureonweb **Erscheinungsdatum:** 17 Apr 2024
Webseite: arkitectureonweb

[s52] - https://www.trendhunter.com/trends/r-house-by-budi-pradono
Autor: Budi Pradono **Titel:** The R-House by Budi Pradono is an Arboreal Haven
von: Trend Hunter **Erscheinungsdatum:** August 6, 2011
Webseite: Trend Hunter

[s53] - https://stockcake.com/i/futuristic-treehouse-design_1346001_1030783
Titel: Futuristic treehouse design **von:** StockCake.com
Webseite: StockCake.com

[s54] - https://pithandvigor.com/2023/12/ideas-for-better-play-areas/
Titel: A Landscape Designer's Ideas for Better Kids Play Areas **von:** Pith Vigor
Erscheinungsdatum: 2023-12-22 **Webseite:** Pith Vigor

[s55] - https://www.artistreehome.com/team
Autor: Will Beilharz, Jeff Buss, Forest Croft, Alexander Vincent, Amy Beilharz, Kenny Myers, Nick Earley, Chandra Cox **von:** Artistree Home
Webseite: artistreehome.com

[s56] - https://actionecon.com/cheap-tree-house-300-tree-fort/
Titel: QVOMODO AEDIFICARE VILIS ARBOR DOMVS: MEVS CCC ARBOR MVNIMEN TVM **von:** Action Economics
Erscheinungsdatum: May 26, 2014 **Webseite:** actionecon.com

[s57] - https://welcome-to-the-woods.com/diy-treehouse-build/
Autor: Melissa Woods **Titel:** DIY Treehouse Build
Erscheinungsdatum: May 19, 2024 **Webseite:** Welcome to the Woods

[s58] - https://www.thenewgeneralist.com/building-a-tree-house/
Autor: Heikki Otsolampi **Titel:** Building a tree house with a focus on the well-bei ng of the tree
von: The New Generalist **Erscheinungsdatum:** October 16, 2018
Webseite: The New Generalist

[s59] - https://www.artedguru.com/home/art-architecture-steam
Titel: Art and Architecture in STEAM **von:** Art Ed Guru
Webseite: Art Ed Guru

[s60] - https://treehouseguides.com/
Titel: Simple, Complete Tree House Plans for Be ginners **von:** Treehouse Guides
Webseite: Treehouse Guides

[s61] - https://www.makenestinteriors.com/blog-1/just-right-small-home
Autor: Paul Miller **Titel:** Sized Just Right: The Small Luxury Home
von: MakeNest Interiors **Erscheinungsdatum:** April 18, 2019
Webseite: MakeNest Interiors

[s62] - https://treehousedad.com/treehouse-plans/
Autor: Chris **Titel:** Treehouse Planning
von: Treehouse Dad **Erscheinungsdatum:** March 21, 2023
Webseite: Treehouse Dad

[s63] - https://magazine.tcu.edu/summer-2017/students-create-interior-concepts/
Autor: Lisa Martin **Titel:** Students Create Interior Concepts
von: Texas Christian University **Erscheinungsdatum:** Summer 2017
Webseite: TCU Magazine

[s64] - https://www.designmom.com/bargain-diy-concrete-floor/
Autor: Gabrielle Blair
Titel: Bargain DIY Concrete Floor
von: Design Mom
Erscheinungsdatum: February 19, 2014
Webseite: Design Mom

[s65] - https://whyskylights.com/velux-skylights-blog/5-things-we-love-about-this-treehouse-inspired-childrens-bedroom
Autor: Emily Henderson
Titel: 5 Things We Love About This Treehouse-Inspired Children's Bedroom
von: VELUX
Webseite: whyskylights.com

[s66] - https://thetreehouseguide.com/mytreehouse.htm
Autor: Patrick Fulton
Titel: Building the Fulton Treehouse
Webseite: The Treehouse Guide

[s67] - https://dukesandduchesses.com/treehouse-inspiration/
Autor: Randi Dukes
Titel: Treehouse Inspiration
von: Dukes and Duchesses
Webseite: Dukes and Duchesses

[s68] - https://settdesign.wordpress.com/tag/log-cabins/
Autor: settdesign
Titel: Come in From the Cold
von: Pickle Design
Erscheinungsdatum: 2019-12-13
Webseite: Sett Design

[s69] - https://www.treehousegallery.com/lighting
Titel: Lighting
von: Treehouse Gallery
Webseite: treehousegallery.com

[s70] - http://forum.gon.com/threads/how-high-does-a-deck-have-to-be-before-it-requires-a-rail.611851/
Autor: Twenty five ought six
Titel: How high does a deck have to be before it requires a rail?
von: Georgia Outdoor News
Erscheinungsdatum: Mar 23, 2011
Webseite: GON Forum

[s71] - https://www.nachi.org/treehouse-inspection.htm
Autor: Nick Gromicko, CMI
Titel: Treehouse Inspection
von: InterNACHI
Webseite: InterNACHI
Publisher: InterNACHI

[s72] - https://humboldtgov.org/181/Building-Codes
Titel: Building Codes
von: Humboldt County
Webseite: Humboldt County

[s73] - https://www.treetopco.co.uk/blog/treehouse-safety-for-children
Autor: Luke Leppitt
Titel: Our Guide to Safe Treehouse Adventures For Children
von: Treetop Co
Erscheinungsdatum: October 4, 2022
Webseite: Treetop Co

[s74] - https://playgroundprofessionals.com/playground/construction/tips-building-dream-treehouse-kids
Autor: Katherine Perkins
Titel: Tips for Building a Dream Treehouse for Kids
von: Playground Professionals
Erscheinungsdatum: Jun 20, 2017
Webseite: Playground Professionals
Publisher: Playground Professionals, LLC

[s75] - https://www.nachi.org/treehouse-inspection.htm
Autor: Nick Gromicko, CMI
Titel: Treehouse Inspection
von: InterNACHI
Webseite: InterNACHI
Publisher: InterNACHI

[s76] - https://actionecon.com/cheap-tree-house-300-tree-fort/
Titel: QVOMODO AEDIFICARE VILIS ARBOR DOMVS: MEVS CCC ARBOR MVNIMEN TVM
von: Action Economics
Erscheinungsdatum: May 26, 2014
Webseite: actionecon.com

[s77] - https://forum.touringplans.com/t/tom-sawyers-island-or-swiss-family-tree-house/87909
Autor: JDHDisney
Titel: Tom Sawyers Island or Swiss Family Tree House
von: TouringPlans
Erscheinungsdatum: June 29, 2022
Webseite: TouringPlans Discussion Forums

[s78] - https://www.treehouselife.com/
von: Treehouse Life
Webseite: Treehouse Life

[s79] - https://www.the4kids.com/
von: The 4 Kids
Webseite: The 4 Kids

[s80] - https://bali-garden.com/creating-the-perfect-kids-treehouse-tips-for-a-safe-and-fun-outdoor-space/
Titel: Creating the Perfect Kids' Treehouse: Tips for a Safe and Fun Outdoor Space
von: Bali-Garden
Erscheinungsdatum: September 6, 2024
Webseite: bali-garden.com

[s81] - https://www.loveyourlandscape.org/expert-advice/little-landscapers/kid-friendly-play-space/15-ideas-for-a-childrens-discovery-garden/
Autor: Laura Gaskill
Titel: 15 Ideas for a Childrens Discovery Garden
von: National Association of Landscape Professionals
Webseite: Love Your Landscape

[s82] - https://modfrugal.com/tag/hog-panel-railings/
Autor: ModFruGal
Titel: Treehouse Update
Erscheinungsdatum: June 17, 2011
Webseite: modfrugal.com

[s83] - https://frugal-bonvivant.com/slide-off-a-deck/
Titel: Adding a Slide Off a Deck: An Easy Alternative to a Backyard Playground!
von: Frugal Bon Vivant
Erscheinungsdatum: February 21, 2022
Webseite: Frugal Bon Vivant

[s84] - https://thetreehouseguide.com/bridges.htm
Titel: Bridges
von: Treehouse Guides
Webseite: The Treehouse Guide

[s85] - https://www.plasteranddisaster.com/building-squirrel-house/
Autor: Naomi
Titel: Building a Squirrel House
von: Plaster Disaster
Erscheinungsdatum: March 14, 2018
Webseite: Plaster Disaster

[s86] - https://adventureworldplaysets.com/
von: Adventure World Playsets
Webseite: Adventure World Playsets

[s87] - https://frugal-bonvivant.com/slide-off-a-deck/
Titel: Adding a Slide Off a Deck: An Easy Alternative to a Backyard Playground!
von: Frugal Bon Vivant
Erscheinungsdatum: February 21, 2022
Webseite: Frugal Bon Vivant

[s88] - https://sweetlandoutdoor.com/playsets/
Titel: Playsets Quality 100% Cedar
von: Sweetland Outdoor
Webseite: Sweetland Outdoor

[s89] - https://www.kingofswings.com/
Titel: Imaginative Swing Sets and Playground Sets in Atlanta, GA Surrounding Areas
von: King of Swings
Webseite: King of Swings

[s90] - https://playgroundideas.org/10-principles-of-playground-design/

Autor:	Elizabeth Moreno	**Titel:**	10 Principles of Playground Design
von:	Playground Ideas	**Erscheinungsdatum:**	2024-02-23
Webseite:	Playground Ideas		

[s91] - https://learncalifornia.org/bunk-beds-for-kids/

Autor:	Gavin Newton	**Titel:**	29 Bunk Beds for Kids: Playful and Practical Solutions
von:	Learn California	**Webseite:**	learncalifornia.org

Bild-Quellen

Informationen zu allen folgenden Bildern

Keines der Bilder wurden verändert, nur die Auflösung wurde angepasst.
Alle Bilder haben weiterhin die ursprängliche Lizenz.
Trotz sorgfältiger Prüfung kann die Richtigkeit und die Zuordnung der Bilder nicht garantiert werden.
Alle verwendeten Bilder wurden gemäß ihrer jeweiligen Lizenzbestimmungen verwendet.
Bei der eBook Version wurden die Bilder zu nummerierten Collagen zusammengestellt.
Alle Bilder wurden final abgerufen und geprüft am 2025-01-01.

Verwendete Lizenzen

CC BY 4.0	https://creativecommons.org/licenses/by/4.0
CC BY 2.0	https://creativecommons.org/licenses/by/2.0
CC0	http://creativecommons.org/publicdomain/zero/1.0/deed.en
CC BY 3.0	https://creativecommons.org/licenses/by/3.0

Bildnachweise

[i1] - 001_001_001_image_banyanbaum.jpeg
https://upload.wikimedia.org/wikipedia/commons/0/0b/Banyan_tree_%28Ficus_benghalensis%29_spotted_near_Garida.jpg
Date: 2017-02-17 **von:** Adityamadhav83
License: CC BY 4.0 (https:creativecommons.orglicensesby4.0)

[i2] - 001_001_002_image_korowai.jpeg
https://upload.wikimedia.org/wikipedia/commons/d/d7/Korowai_Treehouse_5.jpg
Date: 2006-07-23 **von:** Jon Harald Soby
Künstler: ♪ ~ **License:** CC BY 2.0 (https:creativecommons.orglicensesby2.0)

[i3] - 001_001_002_image_clan.jpeg
https://upload.wikimedia.org/wikipedia/commons/7/71/Chothe_Tribal_Girl.jpg
Date: 2013-11-08 **von:** Ramesh lalwani
Künstler: Ramesh Lalwani **License:** CC BY 2.0 (https:creativecommons.orglicensesby2.0)

[i4] - 001_002_002_image_jahreszeiten.jpeg
https://upload.wikimedia.org/wikipedia/commons/b/bf/Cherry_blossom_season_at_Institute_for_Nature_Study.jpg
Date: 1 April 2021 **von:** Syced
License: CC0 (http:creativecommons.orgpublicdomainzero1.0deed.en)

[i5] - 001_003_001_image_fernglas.jpeg
https://upload.wikimedia.org/wikipedia/commons/6/6d/Navy_binoculars.jpg
Date: Taken **von:** Neutrality
Künstler: U.S. Navy photo by Airman Ricardo J. Reyes. **License:** Public domain

---

[i6] - 002_001_001_image_buche.jpeg
https://upload.wikimedia.org/wikipedia/commons/b/ba/Fagus_sylvatica_Purpurea_JPG4a.jpg
Date: 2007-11-06 **von:** Jean-Pol GRANDMONT
License: CC BY 3.0 (https:creativecommons.orglicensesby3.0)

[i7] - 002_001_002_image_mikroklima.jpeg
https://upload.wikimedia.org/wikipedia/commons/0/0a/GTA_Wildlife_and_Forest_%286609138%29.jpg
Date: Taken **von:** OptimusPrimeBot
Künstler: Kevin Payne **License:** Public domain

[i8] - 002_001_002_image_gelaendebeschaffenheit.jpeg
https://upload.wikimedia.org/wikipedia/commons/8/8d/Broken_Bow_Arch_%286203683897%29.jpg
Date: Taken **von:** File Upload Bot (Magnus Manske)
Künstler: John Fowler **License:** CC BY 2.0 (https:creativecommons.orglicensesby2.0)

[i9] - 002_002_001_image_weichholz.jpeg
https://upload.wikimedia.org/wikipedia/commons/8/86/Christmas_tree_farm_with_spruce%2C_pine%2C_fir_%2831271625862%29.jpg
Date: 2016-12-03 **von:** Fae
Künstler: David Whelan **License:** CC0 (http:creativecommons.orgpublicdomainzero1.0deed.en)

[i10] - 002_002_001_image_fichtenholz.jpeg
https://upload.wikimedia.org/wikipedia/commons/3/34/Spruce_forest_at_Holma.jpg
Date: 2017-06-09 **von:** W.carter
License: CC0 (http:creativecommons.orgpublicdomainzero1.0deed.en)

[i11] - 003_001_001_image_naturstein.jpeg
https://upload.wikimedia.org/wikipedia/commons/c/c3/Natural_stone_stairs_Hyakusaiji_1.jpg
Date: 2020-11-28 **von:** Photos of Japan
License: CC0 (http:creativecommons.orgpublicdomainzero1.0deed.en)

[i12] - 003_001_002_image_balustern.jpeg
https://upload.wikimedia.org/wikipedia/commons/2/29/Stairway_baluster_in_Hanoi%2C_Vietnam.jpg
Date: 2013-08-09 **von:** Banhtrung1
License: CC0 (http:creativecommons.orgpublicdomainzero1.0deed.en)

[i13] - 003_001_002_image_terrassen.jpeg
https://upload.wikimedia.org/wikipedia/commons/8/88/Treehouse_access_and_roundwalk.jpg
Date: 2010-06-05 **von:** Ben Robbins
Künstler: Treehouse_access.JPG **License:** Public domain

[i14] - 003_001_002_image_modell.jpeg
https://upload.wikimedia.org/wikipedia/commons/d/db/Standard_treehouse_model.jpg
Date: 2004 **von:** Themonkofthetrueschool
License: Public domain

[i15] - 003_002_002_image_spotleuchten.jpeg
https://upload.wikimedia.org/wikipedia/commons/2/24/Spotlight_%2838490785496%29.jpg
Date: 2017-11-04 **von:** Eyes Roger
Künstler: Giulia Forsythe **License:** CC0 (http:creativecommons.orgpublicdomainzero1.0deed.en)

[i16] - 003_002_002_image_notbeleuchtung.jpeg
https://upload.wikimedia.org/wikipedia/commons/2/29/Emergency_light_old.jpg
Date: 25 October 2005 **von:** Erik1980
Künstler: Science3456 **License:** Public domain

[i17] - 003_003_001_image_baluster.jpeg
https://upload.wikimedia.org/wikipedia/commons/1/1e/Baluster_%28PSF%29.png
Date: 2008-02-21 **von:** Magnus Manske
Künstler: Pearson Scott Foresman **License:** Public domain

[i18] - 004_002_001_image_seilbruecke.jpeg
https://upload.wikimedia.org/wikipedia/commons/7/79/Treehouse_at_Treebones_Big_Sur.jpg
Date: 2011-09-22 **von:** File Upload Bot (Magnus Manske)
Künstler: Peretz Partensky **License:** CC BY 2.0 (https:creativecommons.orglicensesby2.0)

[i19] - 004_003_001_image_stahlstuetzen.jpeg
https://upload.wikimedia.org/wikipedia/commons/9/94/Turnbuckles_on_a_support_for_a_jetty_2.jpg
Date: 2019-09-24 **von:** W.carter
License: CC0 (http:creativecommons.orgpublicdomainzero1.0deed.en)

[i20] - 004_003_002_image_geheimverstecke.jpeg
https://upload.wikimedia.org/wikipedia/commons/4/45/Hidden_Forest_Cabin.jpg
Date: 2007-11-28 **von:** WaddlesJP13
Künstler: Thure Johnson **License:** CC BY 2.0 (https:creativecommons.orglicensesby2.0)

FSC
www.fsc.org
MIX
Papier | Fördert gute Waldnutzung
FSC® C083411

Kolibri 360 GmbH
Ferdinand-Jühlke-Straße 7
99095 Erfurt, Deutschland
produktsicherheit@kolibri360.de